W0329980

perpetuum
publishing

Lukas Wehner_Herausgeber

Wir Kartographen

Studienbuch_p2p

Erstauflage

perpetuum
publishing

!SPRACHLOS

Grafiken in der Ebene_Sascha Frank Lukas [www.s-f-l.de]
Grafiken im Raum_Maximilian Scharf
Umschlaggestaltung_Zeichen und Zeit GmbH [www.zeichenundzeit.de]

51°29′ N

00°00′ E/W

GREENWICH!

Die „Linien der Längengrade [...] jetzt wieder aufzulösen, ihrer Geschichte nachzugehen – in einem Zeitalter, da die Position eines Schiffes von stationären Satelliten innerhalb weniger Sekunden auf den Meter genau angegeben werden kann – heißt, den Globus mit neuen Augen zu betrachten."

(SOBEL 2008: 20)

Herausgeber und Autor

Lukas Wehner [geb. 1986], Student der Germanistik und Geographie für gymnasiales Lehramt an der Otto-Friedrich-Universität Bamberg. Tutor für Kartographie.

Inhaber Lukas Wehner
Herzog-Max-Straße 11, D-96047 Bamberg
[mail] mail@perpetuum-publishing.com
[web] www.perpetuum-publishing.com
Umschlag: Zeichen und Zeit GmbH
Satz: Lukas Wehner
Grafiken_Entwurf [wenn nicht gesondert vermerkt]: Lukas Wehner
_2D-Realisierung: Sascha Frank Lukas
_3D-Realisierung: Maximilian Scharf
Druck & Bindung: Druckerei Uhl GmbH & Co KG, Radolfzell am Bodensee
Printed in Germany

ISBN 978-3-9813638-0-7

Inhalt

BLOCK 01_Lukas Wehner

BLOCK 02_Fachkundige aus Forschung, Praxis und Lehre

BLOCK 03_Anhang

Das **Vorwort** informiert immer über Ziele, Adressaten, Neues und Althergebrachtes. Also aufgepasst! Drei Dinge nämlich sollen gesagt sein.

Erstens_Das Konzept. *Wir Kartographen* ist ein Studienbuch der neuesten Generation. Von Studenten für Studenten. Bundesweit. Wir texten, Wir zeichnen, Wir layouten und Wir plattformen: peer-to-peer (p2p), unter Gleichgestellten also ermöglicht ein junger Verlag Kommunikation und Lernen auf Augenhöhe. *perpetuum publishing* ist Produkt und Forum einer vernetzten Uni-Welt. Wir Kartographen und Wir Studenten haben den besten Blick für die Bedürfnisse unserer Mitstreiter. Die Inhalte richten sich an alle, die aus Interesse, Nutzen oder Mitleid ein Begleitmaterial zum Eigenstudium erwerben wollen. Randkommentare, www-Tipps und Querverweise, massig Grafiken in 3D und Vollfarbe plus Tabellen und Formelsammlung vermitteln und ergänzen. Hoffentlich eingängig, frisch und modern. Ziele sind ... Reichlich Aha-Effekte! Kartographische Verfahren und Termini vorstellen! Räumliche Vorstellungskraft aufpäppeln! Mathematisches Grundwissen revitalisieren! Prüfung bestehen! Alles erdenklich Gute dafür und viel Freude ab Seite 11.

Zweitens_Ein Aufruf. Die vorliegende Erstauflage ist schon reichlich erprobt und erscheint dennoch mit Ecken und Kanten ... hier zu viel, da zu wenig. Wir können das Buch gemeinsam weiterentwickeln und verdichten: *www.perpetuum-publishing.com* verfolgt das Ziel *Studienbuch_p2p*, das sicher nicht überall maßgeschneidert sein kann, das aber schnellen Einstieg bietet, Nachschlagewerk sein kann und Studenten zusammenbringt.

Und drittens_Menschen, denen Dank gebührt. Und ein Händedruck. Voran Sascha Frank Lukas für Grafiken in der Ebene, Maximilian Scharf für die 3. Dimension. Danke an Markus Kamp von MAXON, dessen großzügige Unterstützung den Weg ebnete, die Grafiken des Buches mit der Profisoftware *Cinema 4D* auf diesem Niveau zu erstellen! Danke Sascha, danke Max, nochmals und immer wieder, für eure Unterstützung in wirklich allen Dimensionen, die eine Freundschaft leisten kann. Ohne euch geht's nicht!

Michael Uhl, Geschäftsführer DRUCKEREI UHL. Für Licht im Dunkeln. Für das Rollen vieler Steine. Für Geduld am Hörer. Es geht nur mit Ihnen.

Greetings @ www.ZEICHENUNDZEIT.de ... Für den adretten Look da vorne!

Danke den Dozenten, die mit wertvollen Artikeln den Blick weiten.
Danke, Frau Liebricht. Danke, Frau Stöcker. Einfach so!
Buchhandlung GÖRRES, denn im Regal das eigene Skript stehen sehen – und mehr war es ja am Anfang nicht – ist einfach HÜBSCHER.
An alle, die es erdulden und fördern, Eine besonders: Merci. Es wird besser.

Aus der Stadt an der Regnitz, im März 2010 **Lukas Wehner**

Gesichter der Kartographie

„Mit einer Handbewegung konnte ich sie zu einer flachen Spirale zusammenklappen und sie dann wieder in eine hohle Kugel verwandeln. In seiner Form ähnelte mein Spielzeug einer winzigen Erdkugel, denn die beweglichen Drähte bildeten das gleiche Gittermuster, das ich auf dem Schulglobus mit seinen dünnen schwarzen Linien, den Längen- und Breitengraden, gesehen hatte. Die bunten Perlen liefen auf den Drähten hin und her wie Schiffe auf hoher See. [...] Heute sind die Längen- und Breitengrade eine noch größere Autorität, als ich es mir vor rund vierzig Jahren hätte vorstellen können, denn sie bleiben unverändert – mit Kontinenten, die auf den sich weitenden Meeren dahintreiben, und Staatsgrenzen, die durch Krieg oder Frieden immer wieder neu gezogen werden" (SOBEL 2008: 10).

Wie viele europäische Herrscher beauftragte Ludwig XIV. (1661 – 1715) Geographen und Landvermesser mit einer kartographischen Aufnahme seines Landes und war schockiert, dass es kleiner war als erwartet: Als ihm „eine revidierte Landkarte von Frankreich vorgelegt wurde, die auf korrekten Längengradmessungen beruhte, soll er sich beklagt haben, daß er mehr Land an seine Astronomen verloren habe als an seine Feinde" (SOBEL 2008: 40).

www.confluence.org

1 Kartographische Kommunikation

Die Karte ist wohl das ureigenste Instrument der Geographie. Und das in zweierlei Hinsicht: Kartographen und Laien *erstellen* einerseits Karten, um Entdeckungen zu verorten und Untersuchungsergebnisse zu veranschaulichen; sie *nutzen* andererseits übersichtliche Karten, um Informationen zu erhalten, sei es über den eigenen Aufenthaltsort oder die Bevölkerungsentwicklung bundesdeutscher Landkreise seit der Wiedervereinigung.

So entsteht eine kartographische Kommunikation zwischen der abzubildenden Umwelt, dem Kartenhersteller mitsamt seinen Gestaltungsmitteln, dem Endprodukt Karte und dem Kartennutzer (ABB 1.1).

DEF_Kartographie

„Ein Fachgebiet, das sich befasst mit dem

- Sammeln,
- Verarbeiten,
- Speichern,
- Auswerten

raumbezogener Informationen sowie in besonderer Weise mit der Veranschaulichung durch kartographische Darstellungen" (HAKE et al. 2002: 3).

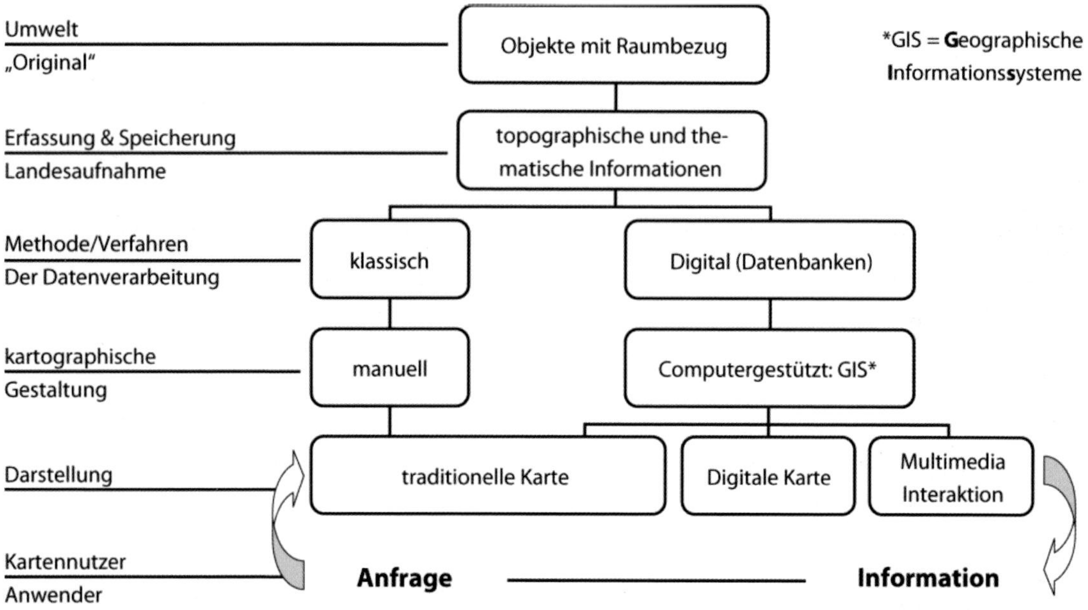

ABB 1.1_Kartographische Kommunikation

„Geländevermessungen, Luftbildauswertungen und Ergebnisse von Satellitenaufnahmen, ferner Felduntersuchungen, Statistiken und Fachliteratur" (HEINRICH & HERGT 2006: 11) liefern eine Fülle von raumbezogenen Informationen. Sie werden mit einem i.d.R. einheitlichen System graphischer Zeichen zu Papier gebracht. Die Legende dient als Interpretationsschlüssel.

Die Definition des Begriffs *Karte* erfolgt erst in KAP 4.7, damit die Einzelelemente der Definition besser nachvollzogen werden können.

Um die Übersichtlichkeit und Lesbarkeit der Karte zu gewährleisten, erfordert „jede Kartenherstellung [...] eine Konkretisierung, d.h. die

- *sachliche* bzw. *stoffliche Beschränkung* auf ein Phänomen, z.B. Gesteinsformen, Siedlungstypen;
- *räumliche Beschränkung*, z.B. auf eine Landschaft, ein Land oder einen Erdteil;
- *Beschränkung auf einen bestimmten Zeitraum*, z.B. politische Karten, Wetterkarten" (HEINRICH & HERGT 2006: 11).

ANM

Die Lösungsvorschläge zu Verständnisfragen und Aufgabenkatalogen finden Sie im Anhang!

Verständnisfragen

V.1.1 Formulieren Sie aus Ihrem eigenen Verständnis heraus: Was ist eine Karte? (Die folgenden Kapitel sollen diese erste Definition wissenschaftlich fundieren.)

V.1.2 Was ist dann Kartographie?

2 Kartennetzentwürfe

2.1 Erdfiguren und Erdabmessungen

Die Erdoberfläche wird in drei Schritten auf die Karte abgebildet:

- relevante Objekte vermessen (in Datenbank erfassen),
- Objekte auf eine Bezugsfläche abbilden,
- Bezugsfläche in die Ebene abbilden (KOHLSTOCK 2004: 19).

Was unter *Bezugs-* oder *Ersatzfläche* zu verstehen ist, klären wir gleich. Wichtig ist zunächst die Erkenntnis, dass Objekte nicht direkt von der Erdoberfläche in die Ebene abgebildet werden können. Nötig ist zuerst das Einmessen auf eine Bezugsfläche. Die Messdaten werden dazu so korrigiert, „als wäre die Vermessung der Objekte auf der Bezugsfläche und nicht auf der physischen Erdoberfläche erfolgt. Dies entspricht anschaulich einer Orthogonalprojektion der Objektgrundrisse auf die Bezugsfläche" (ebd.).

Es gibt drei Grundtypen von Bezugsflächen, mit denen wir uns der tatsächlichen Erdfigur annähern:

Die Erde als Geoid. Das Geoid ist die Bezugsfläche für Höhenangaben der physischen Erdoberfläche. Es ist definiert als diejenige Fläche, die überall die Richtungen des Schwerelots senkrecht schneidet. Das Geoid ist damit von der inhomogenen Massenverteilung in der Erdkruste beeinflusst. Die Meeresoberfläche zeichnet diese Fläche konstanten Schwerepotentials (Äquipotentialfläche) exakt nach. Wegen seiner unregelmäßigen Oberfläche ist er für Kartennetzentwürfe nicht verwendbar.

Die Erde als Rotationsellipsoid. Anders als das Geoid sind Rotationsellipsoide mathematische Regelflächen. Sie sind für groß- und mittelmaßstäbige Karten (siehe KAP 1.1) die bestmöglich genäherte Bezugsfläche.

Beispiel:	Maße des Rotationsellipsoiden IUGG 1980:		
	große Halbachse a:	6.378,137	km
	Kleine Halbachse b:	6.356,752	km
	Differenz a – b:	21,385	km

Ein gutes Verständnis von Bezug und Unterschied zwischen Geoid, Rotationsellipsoid und physischer Erdoberfläche garantiert die entsprechende Abbildung bei HAKE et al. (2002: 41).

Die Erde als Kugel. Für Kartennetzentwürfe im Maßstab M < 1 : 1 Million wird eine mit dem Ellipsoid von 1980 volumengleiche Kugel mit einem Radius von R = 6.371 km verwendet.

ANM

Die Begriffe ‚abbilden' und ‚projizieren' bzw. ‚Abbildung' und ‚Projektion' werden im Folgenden synonym verwendet.

Zum besseren Verständnis gerade der **Orthogonalprojektion** lohnt sich ein Blick in den KOHLSTOCK (2004: 19).

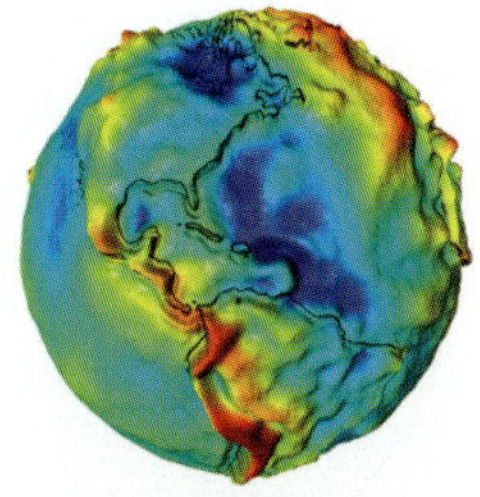

ABB 2.1_Erde als Geoid Entwurf: Maximilian Scharf; Quelle Textur: NASA

Die Online-Lernmodule der Uni Halle bieten eine gute 3D-Sequenz rund um ein überhöhtes Geoid...

http://mars.geographie.uni-halle.de/geovlexcms/golm/kartographie/kartendarstellung/erdgestalt

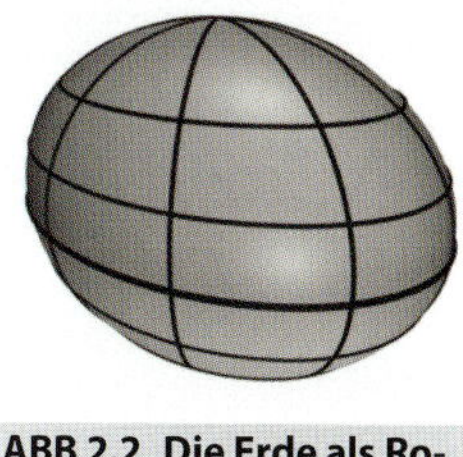

ABB 2.2_Die Erde als Rotationsellipsoid Eine mathematische Regelfläche für groß- und mittelmaßstäbige Karten

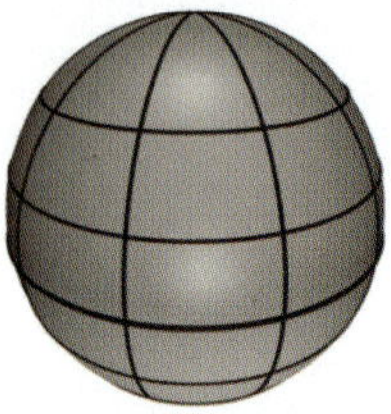

ABB 2.3_Die Erde als Kugel

Eine der ersten Umfangsberechnungen führte um 240 v.Chr. der Grieche Eratosthenes durch: Am Mittag des 21. Juni (Sommersonnenwende) spiegelte sich die Sonne in einem Brunnen von Syene (heute Assuan). Ein Schattenstab im 5000 Stadien nördlich gelegenen Alexandria ermöglichte zur gleichen Zeit die Bestimmung des Breitenunterschiedes Δ φ(siehe KAP 2.2) auf etwa 7,2°.Je nach Umrechnung der Längeneinheit *Stadion* (5000 Stadien ≈ 900 km) näherte sich seine Berechnung zwischen -7,2% und +15,5% an den tatsächlichen Kugelradius von 6.371 km an!

ANM

Vgl. die passende Karte im DIERCKE-Atlas (2002: 135)!

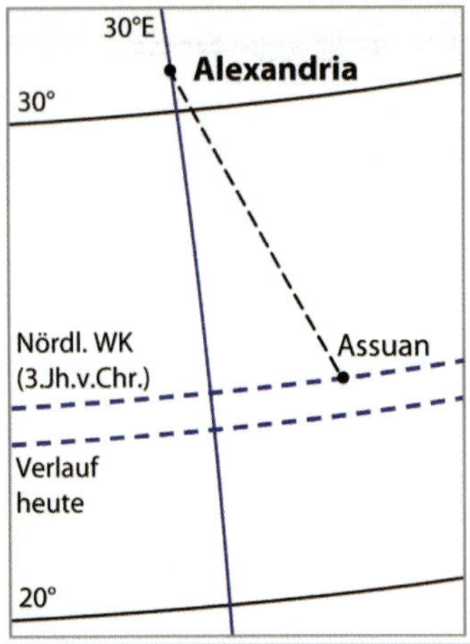

ABB 2.4_Verlauf des Nördlichen Wendekreises

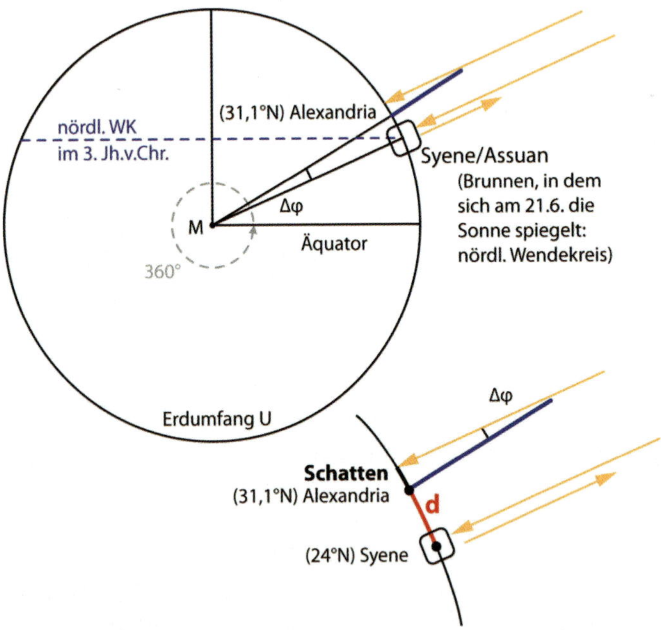

Gesucht ist der Erdumfang U!

Die **Distanz d** zwischen Alexandria und Syene war als Karawanenstrecke bekannt (5000 Stadien ≈ 900 km). Die Differenz der Breitengrade Δφ muss (und kann auch) *nicht* über den Erdinnenwinkel berechnet werden. Sie lässt sich aber als Wechselwinkel im Dreieck aus Sonnenstrahl, Schattenstab und dessen Schatten nachvollziehen (7,1°).

Rechnung:

$$\tan(\Delta\varphi) = \frac{\text{Schatten}}{\text{Schattenstab}}$$

$$\Delta\varphi = \arctan\left(\frac{\text{Schatten}}{\text{Schattenstab}}\right)$$

$$\frac{U}{d} = \frac{360°}{\Delta\varphi}$$

$$U = \frac{360°}{\Delta\varphi}\, d$$

ABB 2.5_Erdumfangsberechnung nach Erathostenes

Die geographische Breite der Wendekreise schwankt mit der Schiefe der Ekliptik. Zur Zeit des Erathostenes verlief der Wendekreis des Krebses bei etwa 24°N (Syene 24°04'N), derzeit liegt er rund 70 km südlicher bei 23°26'N.

Wem beim Anblick von Tangens und Konsorten etwas schummrig wird, dem sei an dieser Stelle in einem kurzen Exkurs ein genauso kurzer Einblick in die mathematische Dimension der Erdkugel gegeben. Wir bedienen uns dazu eines Einheitskreises (r = 1 LE). Längen entsprechender Strecken an der Erdkugel errechnen sich durch Multiplikation mit R = 6.371 km. So einfach!

DEF_arc(φ)

Die zu dem Innenwinkel φ gehörige Bogenlänge (Teilstück vom Umfang des Kreises U = 2 π r). Daraus ergibt sich das Verhältnis:

$$\frac{\varphi}{360°} = \frac{\text{arc}(\varphi)}{U}$$

Also gilt:

$$\text{arc}(\varphi) = 2\,\pi\,r\,\frac{\varphi}{360°}$$

!!!

Strecken am Einheitsreis (Kreis mit dem Radius r = 1 Längeneinheit): Die Strecken x, y und z haben die Längen Sinus, Cosinus und Tangens des zugehörigen Winkels φ.

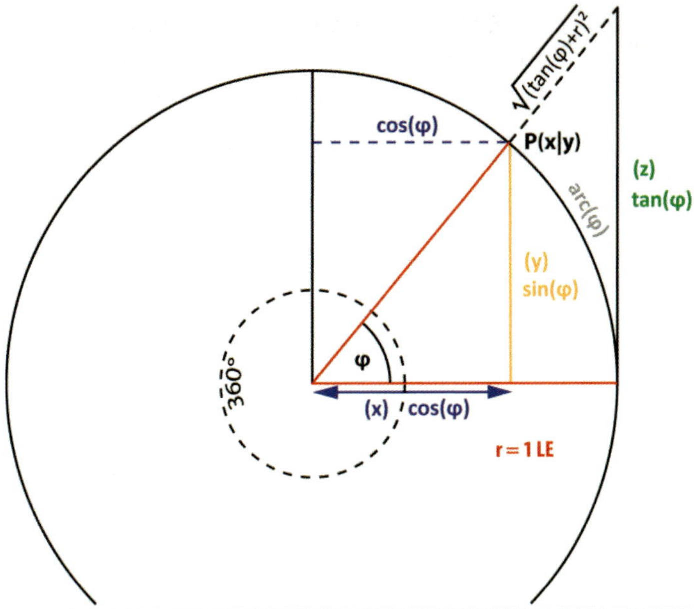

ABB 2.6_Strecken am Einheitskreis
Die Multiplikation mit 6.371 km ergibt die Länge der entsprechenden Strecken am Globus

Die *Strecke y* ist in dem kleineren rechtwinkligen Dreieck die Gegenkathete zum Winkel φ. Weil der Sinus eines Winkels definiert ist als $\frac{\text{Gegenkathete}}{\text{Hypotenuse}}$ und die Hypotenuse dem Radius mit Länge 1 entspricht $\left(\sin(\varphi) = \frac{\text{Gegenkathete}}{1}\right)$, ist die Länge der Gegenkathete (y) gleich dem Betrag von sin(φ).

Entsprechendes gilt für die *Strecke x*: Sie ist die Ankathete zum Winkel φ. Der Cosinus eines Winkels ist definiert als $\frac{\text{Ankathete}}{\text{Hypotenuse}}$, die Hypotenuse ist 1 $\left(\cos(\varphi) = \frac{\text{Ankathete}}{1}\right)$. Damit ist die Länge der Ankathete (x) gleich dem Betrag von cos(φ).

Sinus und Cosinus können dementsprechend die nebenstehenden und aus Mathebüchern bekannten (Extrem-)Werte annehmen.

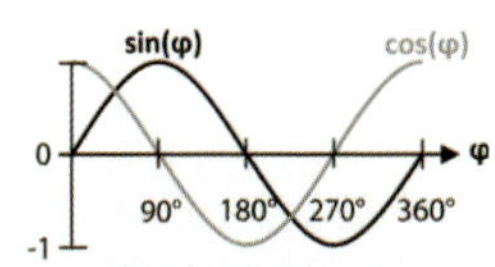

ABB 2.7_alte Bekannte: Sinus- und Cosinuskurve

Die zur Strecke y parallele Kreis-*Tangente z* verhält sich zum Radius r wie die Strecke y zur Strecke x $\left(\frac{z}{r} = \frac{y}{x}\right)$, wobei r = 1, y = sin(φ) und x = cos(φ). Daraus folgt: $z = \frac{\sin(\varphi)}{\cos(\varphi)}$ = tan(φ). Eine Tangente an die Erdkugel hat folglich die Länge $z_R = R \cdot \tan(\varphi)$. Sollten Sie mal vom Äquator aus 1 km entlang einer Tangente zur Erde laufen, könnte man damit berechnen, wie weit Sie sich dabei von der Erdoberfläche entfernt haben – und zwar a) orthogonal zur Tangente und b) bezüglich der direkten Verbindung zum Erdmittelpunkt?

WDH

Die Multiplikation der Einheitskreisstrecken mit dem Erdradius R = 6.371 km liefert die Länge der entsprechenden Distanzen auf der Erdoberfläche (in Kugelgestalt).

Für die noch folgenden Rechnungen sind von besonderem Interesse:

- die nach oben projizierte, blau gestrichelt dargestellte Parallele zur Strecke x, auch mit der Länge cos(φ) sowie
- die mit arc(φ) bezeichnete Bogenlänge mit der Länge $2\,\varphi\,r\,\frac{\varphi}{360°}$.

2.2 Koordinaten im Raum: Geographische Koordinaten

Den geographischen Koordinaten sind lateinische Buchstaben zugeordnet:

geographische Breite = **φ** (sprich: „**Phi**"),

geographische Länge = **λ** (sprich: „**Lambda**").

Über den Globus spannt sich ein Netz (!) von Linien. Die bekanntesten sind wohl der Äquator mit einer geographischen Breite (φ) von 0° Nord/Süd und der Nullmeridian durch Greenwich (Vorort von London) als Null-Linie der geographischen Länge (λ = 0° West/Ost).

Die nachfolgende Bildergalerie soll die ‚Entstehung' dieses Gradnetzes verdeutlichen. Ähnlich einem rechtwinkligen Koordinatensystem ist auch innerhalb dieses dreidimensionalen Gitters jeder Punkt auf der Erde eindeutig definiert als der Schnittpunkt eines Breitenkreises mit einem Längenkreis.

Eingängige kartographische Abbildungen und Erläuterungen (nicht nur zu geographischen Koordinaten) finden sich unter...

www.kowoma.de/gps/geo/laengenbreitengrad.htm

Zwei Meridiane liegen auf jeder geographischen Breite um dieselbe Längendifferenz (in Grad) auseinander. Diese Tatsache verdeutlichen ABB 2.8 und ABB 2.10: Ihre Verbindungslinien zum Mittelpunkt des jeweiligen Breitenkreises schließen immer einen gleich großen Winkel ein. Zum Beispiel liegen der Längenkreis bei 12°E und der Längenkreis bei 13°E auf jeder geographischen Breite genau 13°E – 12°E = 1° auseinander. Weil die Längenkreise im Nord- und Südpol konvergieren, nimmt die Distanz (in km) zwischen ihnen – gemessen entlang eines Breitenkreises – kontinuierlich ab. Damit ist das Phänomen der Abweitung aufgegriffen.

DEF_Abweitung

Der entlang eines Breitenkreises gemessene Abstand zweier Längenkreise, die 1° auseinander liegen, heißt Abweitung.

Gesucht ist die allgemeine Formel zur Abweitung!

ANM_Indizes

U_{BK} = Umfang eines Breitenkreises (BK)
$U_{Ä}$ = Umfang des Äquators
Abw_{φ} = Abweitung auf dem Breitenkreis φ
(1) » Im Anhang findet sich eine Formelsammlung. Mit Hilfe der Nummerierung können einzelne Formeln schneller im Fließtext ausfindig gemacht werden.

WDH_Erdradius

R = 6.371 km

Wie der Umfang eines Breitenkreises errechnet wird, ergibt sich aus ABB 2.14: Der Umfang eines Kreises beträgt grundsätzlich U = 2 π r. Der einzusetzende Breitenkreisradius entspricht cos(φ) multipliziert mit dem Erdradius:

(1) $U_{BK} = 2\pi r = 2\pi (R \cdot \cos\varphi)$.

Diese Formel gilt auch für den Äquator. Mit cos(0°) = 1 ergibt sich:

(2) $U_{Ä} = 2\pi R \approx 40.030$ km.

Wenn die Abweitung einem Innenwinkel (Winkel am Mittelpunkt des Breitenkreises) von 1° entspricht, dann beträgt ihre Bogenlänge ein 360stel des Breitenkreisumfangs:

(3) $\mathbf{Abw_{\varphi}} = U_{BK} : 360 = \frac{2\pi(R \cdot \cos\varphi)}{360} = \frac{\mathbf{2\pi R}}{\mathbf{360}} \cdot \mathbf{\cos\varphi}$.

Diese Formel zur Berechnung der Abweitung auf einem beliebigen Breitenkreis kann auf zweifache Weise verkürzt dargestellt werden:

1. Nach Kürzung im Bruch:

(4) $\mathbf{Abw_{\varphi}} = \frac{\mathbf{\pi R \cdot \cos\varphi}}{\mathbf{180}}$;

2. (2 π R) ist uns als Äquatorumfang schon bekannt: $U_{Ä} \approx 40.030$ km.

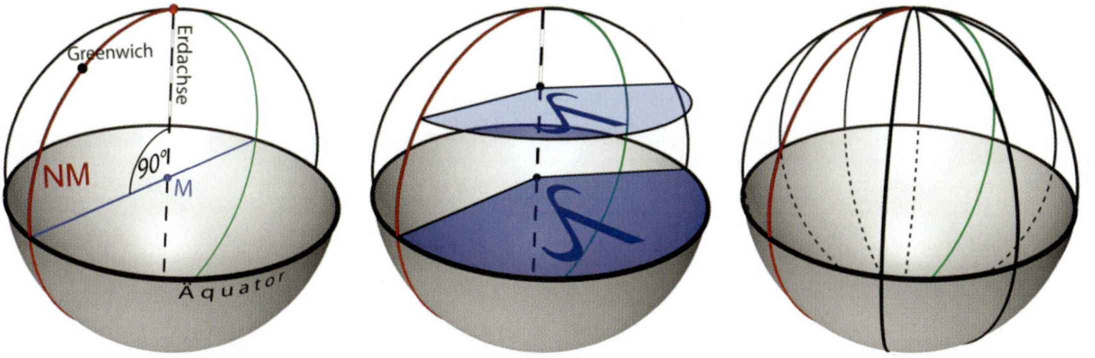

ABB 2.8_Konstruktion der Längenkreise

Zentral für die mathematische Geographie an der Erdkugel ist zunächst ihre Rotationsachse... Der **Äquator** ist die Schnittlinie aus der Kugeloberfläche mit der Orthogonalebene zur Erdachse (gestrichelt) durch den **Erdmittelpunkt M**. Die Schnittpunkte der Erdrotationsachse mit der Erdoberfläche bilden Nord- und Südpol. Entlang der Kugeloberfläche werden sie von Längenkreisen oder Meridianen miteinander verbunden. Meridian bedeutet ‚Mittagslinie', d.h. alle Punkte auf einem Längenkreis (Halbkreis) haben zur selben Uhrzeit Sonnenhöchststand. Der Meridian durch Greenwich (Vorort von London) ist mit 0° westlicher bzw. östlicher Länge als sog. **Nullmeridian NM** definiert. Die **Datumsgrenze** ergänzt den NM zu einem *Großkreis*. Sie orientiert sich in etwa an 180° W|E. Der Großkreis ist dabei definiert als Schnittlinie einer Kugel mit einer Ebene durch den Kugelmittelpunkt, bezogen auf die Erdkugel beträgt sein Umfang damit immer 40.030 km. Ausgehend vom Nullmeridian werden die Breitenkreise inkl. Äquator in westlicher und östlicher Richtung von je 180 Meridianen unterteilt. Aber was sind Breitenkreise?

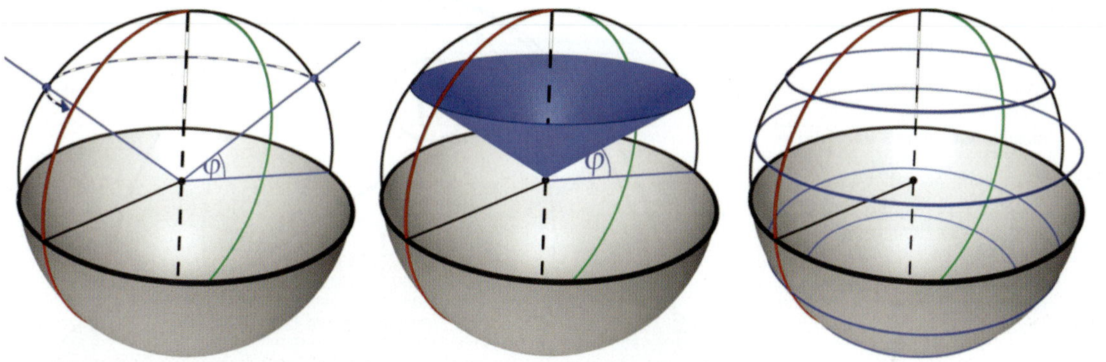

ABB 2.9_Konstruktion der Breitenkreise

Jeder Punkt auf der Erdkugel lässt sich mit ihrem Mittelpunkt verbinden. Der Winkel φ, mit dem diese Achse zur Äquatorialebene einfällt, heißt geographische Breite. Sie kann maximal 90° Nord und 90° Süd annehmen – in diesen Fällen fällt die Gerade durch Erdmittelpunkt und -oberfläche mit der Rotationsachse zusammen. Angenommen, in einem Modell wäre diese Achse so installiert, dass sie im Erdmittelpunkt fest bleibt, sich nur um die Erdachse drehen kann und dabei stets einen Winkel von $\varphi = 50°$ zur Ebene des Äquators hat. Ihr Schnittpunkt mit der Erdoberfläche zeichnet dann einen Kreis nach, der kleiner ist als der Äquator. (Betrachtet man dabei auch die sich drehende Achse, entsteht ein Rotationskegel – siehe mittlere Grafik). Alle Punkte, die auf diesem Kreis liegen, haben gemeinsam, dass ihre Verbindungslinie zum Erdmittelpunkt mit einem Winkel von 50° zur Äquatorialebene einfällt. Jeder dieser Kreise nördlich und südlich des Äquators mit $-90° < \varphi < 90°$ heißt Breitenkreis. Alle Punkte auf einem Breitenkreis haben dieselbe geographische Breite, aber vers. geographische Längen.

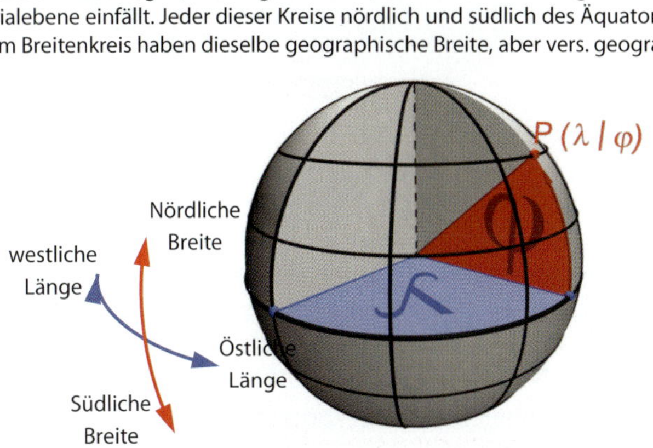

ABB 2.10_Konstruktion des kompletten Gradnetzes

Jeder Ort auf der Erde ist durch seine Längen- und Breitengrade unverwechselbar. Sie sind die über Winkel definierten Koordinaten eines dreidimensionalen Systems. Die geographischen Koordinaten eines Punktes werden in der Reihenfolge λ|φ angegeben. In jedem Punkt schneiden sich ein Längen- und ein Breitenkreis im rechten Winkel.

Schnellste und hinreichend genaue Berechnung der Abweitung:

$Abw_\varphi = 111{,}1..km \cdot \cos\varphi$

Daraus folgt:

$$(5)\quad Abw_\varphi = \frac{40.030\,km}{360} \cdot \cos\varphi = \mathbf{111\tfrac{7}{36}\,km \cdot \cos\varphi}.$$

Der Einfachheit halber darf auch mit $U_Ä$= 40.000 km gerechnet werden:

$$Abw_\varphi = \frac{40.000\,km}{360} \cdot \cos\varphi = \mathbf{111{,}1..km \cdot \cos\varphi}.$$

Wird nun für φ eine beliebige geographische Breite eingesetzt, lässt sich mit jeder dieser Formeln die Abweitung auf dem entsprechenden Breitenkreis errechnen, also die Entfernung zweier Längenkreise, die entlang dieses Breitenkreises 1° auseinander liegen.

Die geographische Breite des Äquators beträgt 0°N/S. Weil cos 0° = 1, beträgt der maximale Wert für die Abweitung, nämlich die Abweitung am Äquator, etwa 111,1..km! Dieser Wert gilt auf allen Großkreisen. ABB 2.11 zeigt alle verschiedenen Strecken, die 111,1..km lang sind.

I Abweitung am Äquator Abw(φ = 0°)

II Abstand zweier Breitenkreise, die 1° auseinander liegen

III Abweitung jedes Großkreises (hierauf wird bei der Berechnung der Orthodrome zurückgegriffen – siehe KAP 2.3)

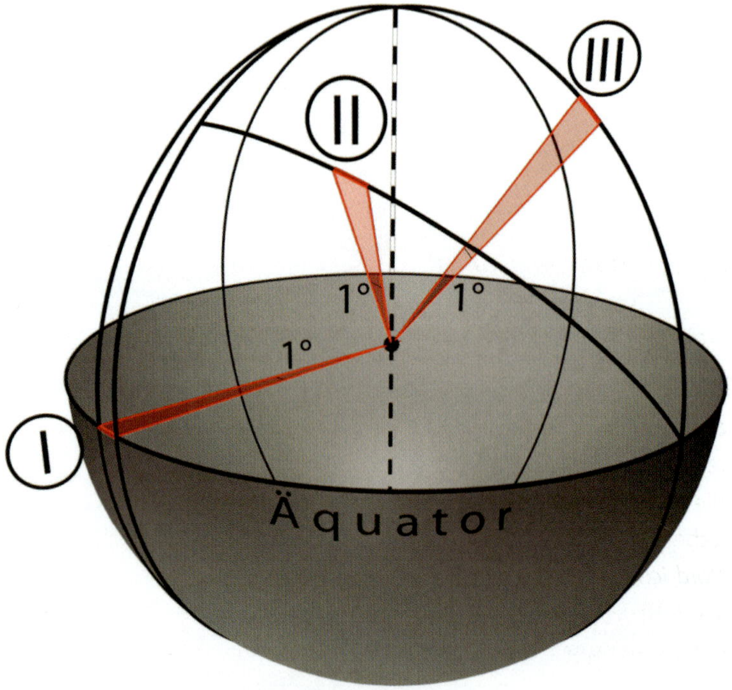

3D Anaglyphe Anhang

ABB 2.11_Strecken an der Erdkugel mit einer Länge von 111,1..km

Mit diesen Informationen können folgende Fragen beantwortet werden:

Wie groß ist der Abstand zwischen dem 50. und dem 60. Längenkreis auf 70° geographischer Breite?

Deutschland hat eine Nord-Süd-Ausstreckung von knapp 8° (47°15'N bis 55°00'N). Welcher meridionalen Ausstreckung entspricht das in km?

2.3 Koordinatensysteme in der Ebene

Damit wir einen Treffpunkt vereinbaren oder eine Wanderroute besprechen können, damit sich Flugzeuge nicht verirren und Schiffe im Hafen angekommen, damit mein Navi weiß, wo ich bin und wo es mit mir hin soll, muss jeder Punkt auf der Erde eindeutig definiert sein. Seine Lage muss beschrieben und wiedergefunden werden können. Die Beschreibung mit Worten ist zu ungenau. Daneben gibt es allerdings eine Reihe von Möglichkeiten, einen Punkt sehr exakt mit Hilfe von Ziffern zu verorten. Die Zahlenwerte, die dabei verwendet werden, tragen allgemein die Bezeichnung *Koordinaten*. Unter Koordinaten verstehen wir also *lageangebende Zahlen* (vgl. LINKE 1992: 146).

Die Geographischen Koordinaten sind bereits hergeleitet. Sie hüllen die Erde in ein Netz, dessen Maschen in ihrer Breite polwärts schrumpfen. Sie sind auf dem Kartenblatt – also in der Ebene – nicht rechtwinklig und der Abstand zweier Meridiane bleibt nicht konstant, sondern hängt von der geographischen Breite ab (Phänomen *Abweitung*, siehe vorstehendes Kapitel). Die geographische Länge ist also keine feste Maßeinheit. Infolge dessen sind Geographische Koordinaten für eine Ortsangabe in Kilometern und Metern unbrauchbar. Sie finden Verwendung in den großräumigen Navigationsaufgaben der See- und Luftfahrt (vgl. ebd.).

WDH_geographische Koordinaten

geographische Breite = φ (sprich: „Phi"),

geographische Länge = λ (sprich: „Lambda").

!!!

Die Angabe der Polarkoordinaten durch (α, m) darf nicht darüber hinwegtäuschen, dass neben Richtungswinkel und Entfernung auch der Ausgangspunkt bekannt sein muss – dieser ist nämlich nicht immer der eigene Standort!

2.3.1 Polarkoordinaten

Polarkoordinaten arbeiten mit *Richtung* und *Entfernung*. Für eine brauchbare Ortsangabe sind nötig:

- der **Ausgangspunkt** – um diesen zu bestimmen, müssen wiederum rechtwinklige Koordinaten zur Verfügung stehen;
- die **Richtung** – sie wird als Richtungswinkel zu einer festen Linie angegeben; eine solche eindeutige Bezugsrichtung bietet die *Magnetische Nordrichtung* (Kompassnadel, vgl. mit allen dazugehörigen Warnhinweisen KAP 4.4.2.3, denn auf einer Karte ist Norden nicht gleich Norden...);
- die **Entfernung** – sie wird entlang der Richtungslinie abgetragen.

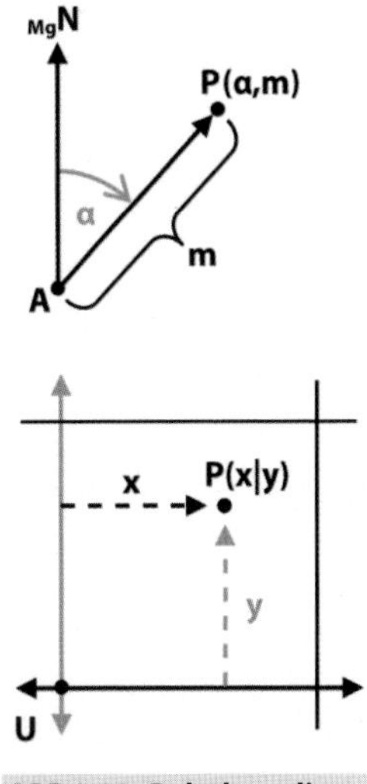

ABB 2.12_Polarkoordinaten und rechtwinkliges Koordinatensystem
A = Ausgangspunkt
U = Ursprung

2.3.2 Rechtwinklige Koordinaten (x|y)

„Geradeaus bis zum Kreisel. Die dritte Ausfahrt führt Sie nach links weiter in eine Straße, die sie an der 4. Ampel nach rechts verlassen. Nach zwei Straßenkreuzungen sehen Sie rechter Hand das Parkhaus." – Im Alltag geben wir schon aus praktischen Gründen keinen Winkel, keine Richtung an, in die man gehen müsste, um einen bestimmten Ort zu erreichen. Wir verwenden stattdessen rechtwinklige Koordinaten. Ähnlich beim Schiffeversenken.

Auch in einem rechtwinkligen Koordinatensystem muss der Ausgangspunkt bekannt sein, um einen Zielpunkt ansteuern zu können. Dieser Ausgangspunkt kann jedoch immer ein- und derselbe sein, nämlich der Ursprung des Koordinatensystems. Auch die Linien, entlang derer wir Distanzen nachvollziehen und abmessen, sind bekannt: Sie spannen in der Vertikalen (x-Achse) und in der Horizontalen (y-Achse) das Koordinatengitter auf. Ein solches Koordinatensystem aus senkrechten und waagrechten Linien – meist orientiert an einem Ursprung, der durch einen (Mittel-)Meridian definiert ist – heißt *geodätisches Gitter* (vgl. LINKE 1992: 147).

!!!

Bei geodätischen Gittern sind x-Achse und y-Achse gegenüber der geläufigen mathematischen Reihenfolgen *häufig* vertauscht!

2.4 Bedeutungsvolle Linien auf der Erdkugel

Zwischen zwei beliebigen Punkten auf der Erde gibt es zwei besondere Verbindungslinien:

DEF_Orthodrome & Loxodrome

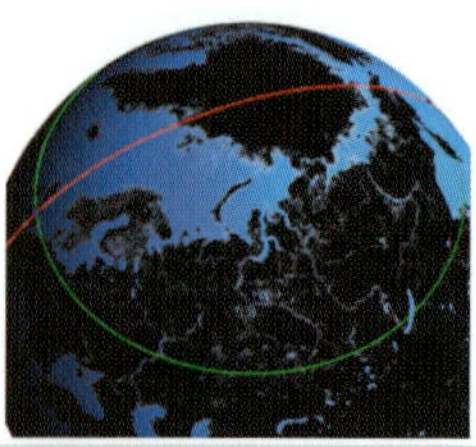

ABB 2.13_Extrembeispiel zum Vergleich von Distanzen entlang eines Breitenkreises u. der Orthodrome
Entwurf & Realisierung: Maximilian Scharf

- Die **Orthodrome**. Sie ist Teil eines Großkreises und damit die kürzeste Verbindung zwischen zwei Orten. Die Orthodrome ist polwärts gebogen. So führt die Flugroute von Frankfurt a.M. nach Winnipeg in Kanada, die beide auf 50°N liegen, nicht über den 50. Breitenkreis, sondern die Orthodrome entlang über Island. Die Länge einer Orthodrome zwischen den Orten $P_1(\varphi_1|\lambda_1)$ und $P_2(\varphi_2|\lambda_2)$ berechnet sich wie folgt:

(6) $s_r = \frac{\pi R \delta}{180}$ mit $\cos(\delta) = \sin(\varphi_1) \cdot \sin(\varphi_2) + \cos(\varphi_1) \cdot \cos(\varphi_2) \cdot \cos(\lambda_1 - \lambda_2)$.

(7) Die Formel lässt sich um 2 erweitern: $s_r = \frac{2 \pi R}{360} \cdot \delta$;

damit ist die Herleitung dieser Formel klar: Die Orthodrome ist Teil eines Großkreises, deren Abweitung bekanntermaßen $\frac{2 \pi R}{360}$ = 111,1..km beträgt. Die Multiplikation mit dem Erdinnenwinkel δ (sprich: Delta) entspricht dann dem Anteil der Orthodrome am Gesamtumfang 40.030 km. Die Formel kann deshalb gekürzt werden zu

(8) **s_r = 111,1..km · δ** (mit cos(δ) wie oben). Die Orthodrome entsteht als Schnittlinie zw. einer Ebene durch Erdmittelpunkt und -oberfläche!

Schnellste und hinreichend genaue Berechnung der Orthodrome zwischen den Orten $P_1(\varphi_1|\lambda_1)$ u. $P_2(\varphi_2|\lambda_2)$:

s_r = 111,1..km · δ

mit

$\cos(\delta) = \sin(\varphi_1) \cdot \sin(\varphi_2) + \cos(\varphi_1) \cdot \cos(\varphi_2) \cdot \cos(\lambda_1 - \lambda_2)$

Eine schöne Abbildung zum Vergleich von Orthodrome und Loxodrome findet sich auf...

www.kowoma.de/gps/geo/grosskreise.htm

- Die **Loxodrome** (Kursgleiche). Sie gewann ihre Bedeutung vor allem in der Schifffahrt, weil sie definiert ist als jede Kurve, die in ihrem Verlauf alle Meridiane unter konstantem Winkel schneidet. Das machte sie in GPS-losen Zeiten zur verlässlichen Navigationslinie. Die Schiffroute entlang der Loxodrome ist zwar länger als die Orthodrome, kann aber ohne ständigen Kurswechsel befahren werden. Bei unserem Beispiel Frankfurt – Winnipeg fällt die Loxodrome mit dem 50. Breitenkreise zusammen, weil beide Orte in 50° nördlicher Breite liegen und ein Breitenkreis alle Meridiane unter konstantem Winkel von 90° schneidet. (Dass die Seefahrt zu Land etwas knifflig wird, darf hier vernachlässigt werden.)

An späterer Stelle werden wir sehen, dass es Karten gibt, die entweder die Orthodrome oder die Loxodrome als Gerade abbilden (vgl. KAP 2.6.7).

Damit sind die für Kartographen wichtigsten Kenngrößen an der Erdkugel besprochen. ABB 2.14 gibt einen zusammenfassenden Überblick.

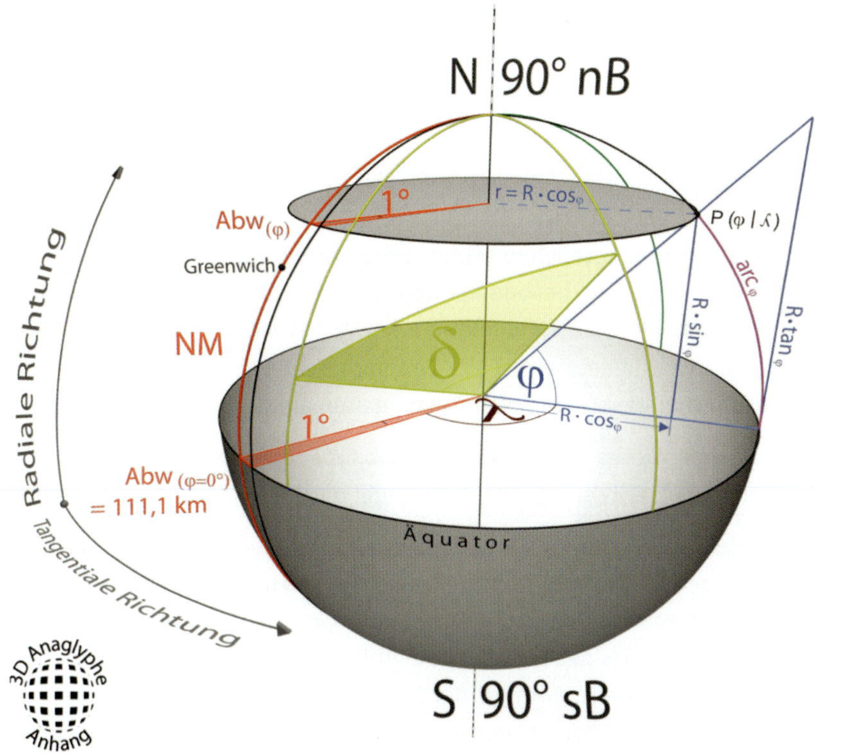

ANM

Radiale Richtung (N-S): entlang der Längenkreise wird der Abstand der Breitenkreise betrachtet

Tangentiale R. (W-E): entlang der Breitenkreise wird der Abstand der Längenkreise betrachtet

Bogenlänge (arc) zum Innenwinkel φ:
$arc(\varphi) = U \cdot \frac{\varphi}{360°}$ (km) oder
$arc(\varphi) = 111{,}1.. \cdot \frac{\varphi}{1°}$ (km)

Orthodrome (s_r) in gelb!

R = 6.371 km
NM = Nullmeridian (0° g.L.)

Abweitung
$= \frac{2\pi}{360} \cdot r_\varphi \quad [r_\varphi = R \cdot \cos\varphi\ ]$
$= \frac{2\pi R \cdot \cos\varphi}{360} = \frac{\pi R \cdot \cos\varphi}{180}$
$= 111\frac{7}{36} \cdot \cos\varphi$

ABB 2.14_Für die Geographie relevante Formen und Größen an der Erdkugel

2.5 Zusammenfassung

Breiten- und Längenkreise ergeben ein dreidimensionales Gradnetz, mithilfe dessen jeder Punkt auf der Erde eindeutig lokalisiert werden kann. Die Abstände zwischen Breiten- und Längenkreisen sind mit den gewonnenen Erkenntnissen über die Abweitung leicht zu berechnen.

TAB 2.1_Beispielhafte Abstandsberechnung zwischen Breiten- bzw. Längengraden

Abstände zw. Breitenkreisen (Δφ=10°)	Abstände zwischen Längenkreisen (Δλ=15°)
10 · 111,1..km = 1111,1..km	$15 \cdot Abw_\varphi =$ (a) 15 · 111,1..km · cos(φ) [für φ ≠ 0°] (b) 15 · 111,1..km = 1666,6..km [am Äquator]

Hierzu ein Beispiel. Denken wir uns einen Globus, auf dem Breitenkreise in 10°-Abständen abgetragen sind. Die Längenkreise sind vom Nullmeridian ausgehend alle 15° gezogen. Für diesen exemplarischen Globus sind die hier tabellarisch gelisteten Kenngrößen charakteristisch.

Der nächste Abschnitt zeigt die Notwendigkeit, diese charakteristischen Abstände auf der Erdkugel berechnen zu können. Denn erst der Vergleich von messbaren Karten- und theoretischen Naturstrecken ermöglicht kartographisch exakte Aussagen über eine Karte zu treffen!

Doch ordnen wir unseren thematischen Standpunkt zunächst wieder in einen geordneten Ablauf ein! Erinnern wir uns hierzu an die notwendigen Schritte zur Abbildung der Erdoberfläche:

- „Erfassung (Vermessung) der Objekte,
- Abbildung der Objekte auf eine Bezugsfläche (Ersatzfläche),
- Abbildung der Bezugsfläche in die Ebene" (KOHLSTOCK 2004: 19).

Die geläufigen Bezugsflächen (Kugel, Rotationsellipsoid und Geoid) haben wir kennengelernt. Von besonderer Bedeutung für die Kartographie sind die Kugel und das Ellipsoid als Erdfiguren sowie das sie überziehende, dreidimensionale Koordinatensystem der Geographischen Koordinaten ($\varphi|\lambda$). (Vorsicht: Alle bisher besprochenen Strecken gelten nur für die Erde als Kugel!)

DEF_Kartennetzentwurf

eine Verebnungsmethode

Die Projektion dieses Netzes und aller Objekte) auf eine Abbildungsfläche wird **Kartennetzentwurf** genannt und stellt die Grundlage jeder Karte dar!

Die Abbildung der sphärischen Erdoberfläche oder von Teilen derselben in die Ebene geschieht mittels mathematischer Funktionen. Bei dem Versuch, eine Apfelsinenschale auf einer Tischplatte flach auszubreiten (Apfelsinenproblem!), wird eines deutlich: Weil die Abbildung/Apfelsine nicht zerreißen soll, sind verschiedene Formen der Verzerrung nicht zu verhindern. Eine gewisse Ausnahme bilden sogenannte zerlappte Netze, die mit dem Zerreißen der Abbildung hinsichtlich Längen, Fläche und/oder Winkel eine bessere Annäherung an die Natur (Treueverhältnis) erreichen wollen (KAP 2.7.8).

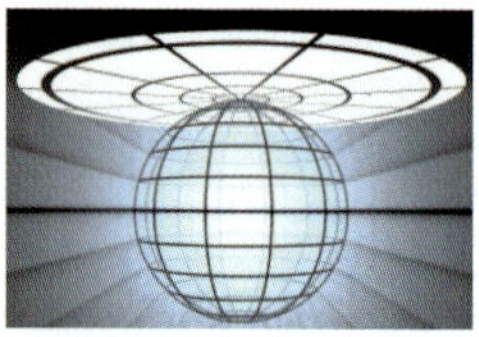

Siehe weiter KAP 2.7.5. Das Bild des kugelförmigen Drahtgestells bemüht auch die nachfolgende Internetseite

www.kowoma.de/gps/geo/Projektionen.htm

Einen Netzentwurf zu erstellen, darf man sich bildlich so vorstellen: In der Mitte eines kugelförmigen Drahtgestells, das die Längen- und Breitenkreise der Erde maßstäblich verkleinert darstellt, ist eine Glühbirne installiert. Sie wird eingeschaltet und strahlt nach allen Seiten aus. Die metallenen Längen- und Breitenkreise werfen Schatten auf eine ebene Wand, wobei die Abstände zwischen ihnen immer größer werden, die von ihnen eingeschlossenen Flächen auch, doch ihre Form bleibt selbst an den Wandrändern noch erhalten. Was ist passiert?

2.6 Verzerrungsverhältnisse und Treueeigenschaften

In den voranstehenden Abschnitten wurde das durch Längen- und Breitenkreise auf der Erdkugel konstruierte Gitternetz charakterisiert – gerade die Abstände zwischen Längen- und Breitenkreisen liefern gut berechenbare Kenngrößen, die mit den Entsprechungen auf einer Karte verglichen werden können. Durch diesen Vergleich von Natur- und maßstäblich verkleinerten Kartenstrecken lassen sich Aussagen über die Verzerrungen treffen.

Wie entstehen solche Verzerrungen und welche Verzerrungsarten gibt es?

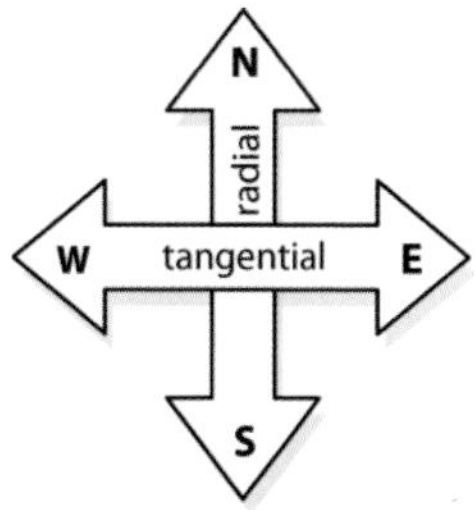

ABB 2.15_Was ist radial? Und tangential?
tangentiale Richt. (W –E): entlang eines Breitenkreises wird der Abstand der Längenkreise betrachtet
radiale Richtung: Entlang eines Längenkreises (N–S) wird der Abstand der Breitenkreise betrachtet

Denken wir uns auf einem Globus einen Einheitskreis (Kreis mit r = 1 LE). Der Mittelpunkt sei definiert als Schnittpunkt je eines Breiten- und Längenkreises. Die Überlegung, was mit diesem Einheitskreis oder besser: was mit den ‚Achsen' dieses Einheitskreises beim Abbilden in die Ebene passiert, hilft uns, die grundsätzlich möglichen Verzerrungen zu beschreiben. Weil die hier so bezeichneten ‚Achsen' Teile von Längen- bzw. Breitenkreisen sind, zeigt uns das Abbild des Kreises, wie sich beim Abbildungsvorgang

a. in radialer Richtung (Nord – Süd) die Abstände der Breitenkreise und
b. in tangentialer Richtung (West – Ost) die Abstände der Längenkreise

gegenüber der Natur verändert haben. Durch Verzerrungen in mindestens einer Richtung entsteht aus dem Einheitskreis eine sogenannte **Indikatrix**.

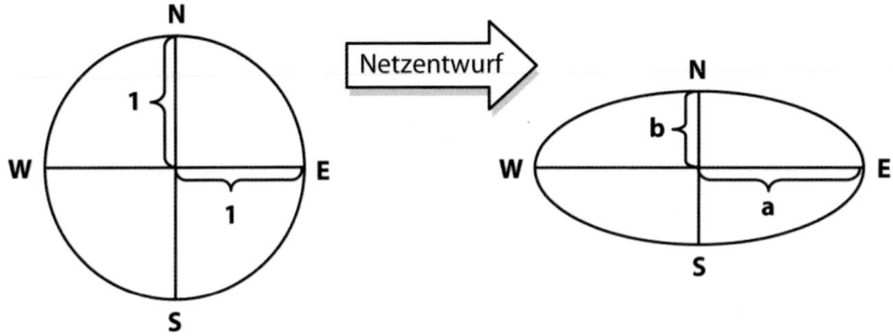

ABB 2.16_Projektionsverzerrungen im Schema
Von der sphärischen Erdoberfläche (Einheitskreis, links) in die Ebene (Indikatrix), Verzerrungen

DEF_Indikatrix

Die Indikatrix ist eine Ellipse, deren Halbachsen a (lang) und b (kurz) die extremen Verzerrungsverhältnisse zwischen Kugel und ebenem Abbild darstellen. Es werden drei **Verzerrungsarten** unterschieden:

1. a bzw. b sind die Beträge der *Längenverzerrung* in tangentialer bzw. radialer Richtung (ABB 2.16, rechts).
   Herleitung: $\frac{\text{Länge in Abb./Indikatrix}}{\text{Länge auf Kugel}} = \frac{a}{1}$ bzw. $\frac{b}{1} = a$ bzw. b
2. Ihr Produkt a · b gibt das Maß der *Flächenverzerrung* an.
   Herleitung: $\frac{\text{Fläche in Abb./Indikatrix}}{\text{Fläche auf Kugel}} = \frac{\pi\, a\, b}{\pi\, r^2} = a \cdot b$ (da r = 1)
3. Die *Winkelverzerrung* ω (sprich: Omega). Sie wird errechnet aus der Gleichung $\frac{a-b}{a+b} = \sin(\omega)$.

ANM

Aus den mit *Herleitung* betitelten Abschnitten wird jeweils deutlich, welchen Vorteil das Gedankenspiel mit dem Einheitskreis hat!

Entsprechend der Bezeichnungen für Verzerrungen werden auch drei grundsätzliche **Treueeigenschaften** unterschieden: Längen-, Flächen- und Winkeltreue.

1. Wenn a oder b = 1, dann ist der Netzentwurf in dieser Richtung *längentreu* – man unterscheidet:
   a. *mittabstandstreu*: Längentreue in radialer Richtung. Entlang der Meridiane bleibt der Abstand der Breitenkreise voneinander gleich.
   b. *abweitungstreu*: Längentreue in tangentialer Richtung. Entlang eines Breitenkreises bleibt der Abstand der Längenkreise voneinander gleich; die Abweitung wird (maßstäblich verkleinert) naturgetreu abgebildet.
2. Wenn a · b = 1, dann ist der Netzentwurf *flächentreu (äquivalent)*. Natur- und Kartenfläche sind gleich groß, wenn auch formverzerrt.
3. Wenn a und b gleichermaßen (!) gestaucht oder gestreckt werden, wenn also a = b≠ 1, dann ändert sich zwar die Flächengröße, die Indikatrix ist aber wieder ein Kreis. Die Abbildung ist *winkeltreu (konform)*.

MERKE

Je größer der Maßstab, desto stärker ist die Annäherung an gleichzeitige Längen-, Flächen- & Winkeltreue (vgl. WILHELMY 1975: 42 – Kap.1)!

Achtung: Eine einseitige Längenverzerrung bewirkt zugleich Flächenverzerrung und Winkelverzerrung; eine Flächenvergrößerung bedingt eine Längenverzerrung in mindestens einer Richtung und kann Winkelverzerrung als Folge haben usw. – Netzentwürfe sind in bis zu allen drei Kriterien verzerrt. Aber: Sie können nur maximal eine (!) Treueeigenschaft aufweisen! Darüber hinaus gibt es vermittelnde Karten. Sie versuchen, alle Verzerrungen in Länge, Fläche *und* Winkel gleichermaßen zu minimieren, haben dafür aber gar keine der genannten Treueeigenschaften.

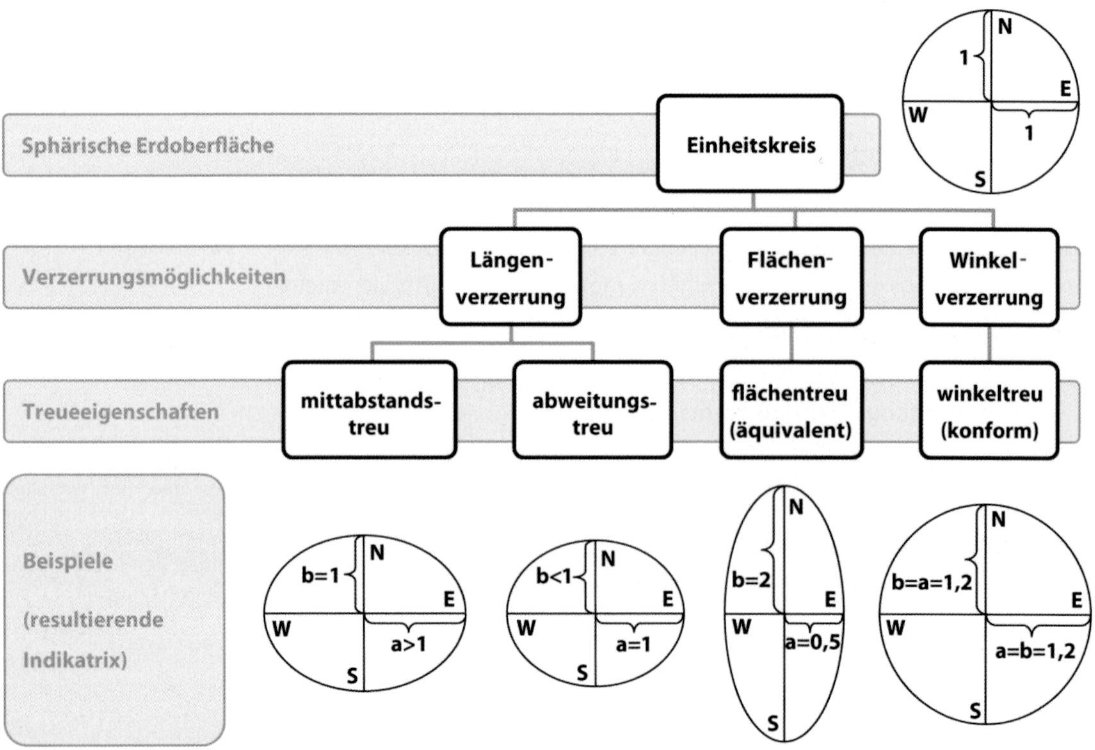

ABB 2.17_Einteilung von Netzentwürfen...

Verzerrungsmöglichkeiten einerseits und Treueeigenschaften andererseits lassen sich in ABB 2.17 zusammenfassen.

2.7 Einteilung von Netzentwürfen

Unter dem Thema „Einteilung von Netzentwürfen" darf man sich einen Katalog von Kriterien vorstellen, die für Netzentwürfe charakteristisch sind. Mit diesen Kriterien, die v.a. ihre Herstellungsart und Eigenschaften betreffen, lassen sich Netzentwürfe eindeutig beschreiben und von anderen Netzentwürfen abgrenzen/unterscheiden:

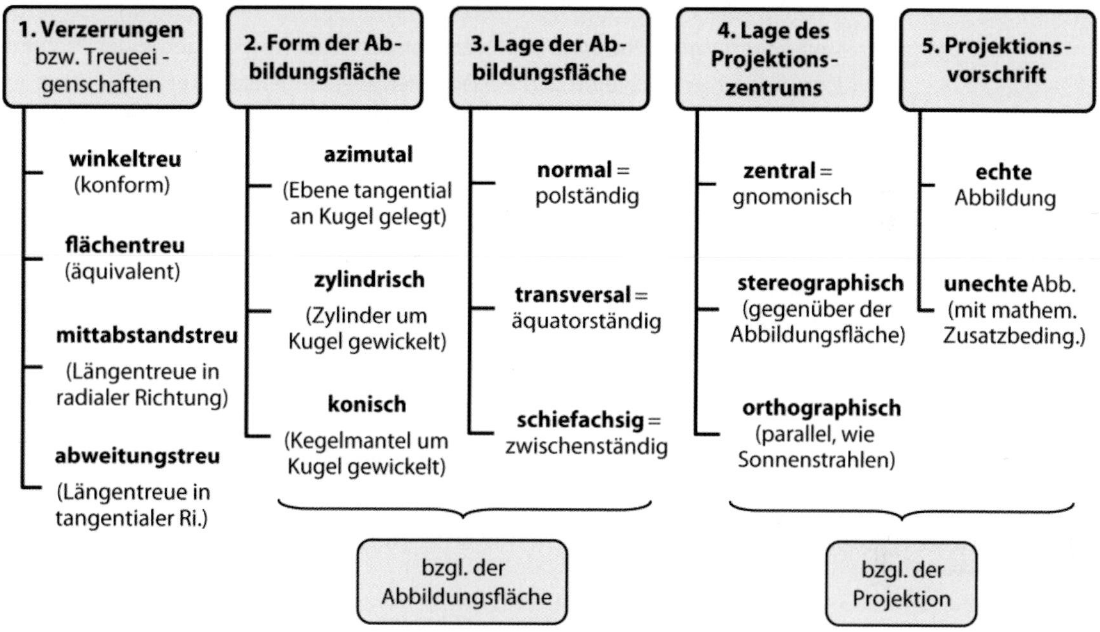

ABB 2.18_Verzerrungsmöglichkeiten und Treueeigenschaften bei Netzentwürfen

2.7.1 nach Projektionsvorschrift

1. Verzerrungen
2. Form der Abb.-Fläche
3. Lage der Abb.-Fläche
4. Lage des Proj.zentrums
5. Projektionsvorschrift

Es bietet sich an, die Projektionsvorschrift vorzuziehen und inhaltlich zu umreißen, weil sie die Fülle an Netzentwürfen auf ‚Makroebene' durch eine erste Einteilung übersichtlich strukturiert. Man unterscheidet

- rein geometrisch konstruierte **echte Projektionen** von
- **unechten Projektionen**, die zwar auf echten Abbildungen basieren, diese aber um mathematische Zusatzbedingungen erweitern, in erster Linie, um zwischen den Verzerrungen zu vermitteln.

Die verschiedenen Verzerrungsmöglichkeiten (Längen-, Flächen- und Winkelverzerrung) sind bereits im voranstehenden Kapitel behandelt worden. Im Folgenden liegt der Fokus deshalb auf den Einteilungskriterien 2 bis 5.

Im Weiteren werden die drei verbliebenen Einteilungskriterien (Form- und Lage der Abbildungsfläche sowie Lage des Projektionszentrums) anhand echter Projektionen vorgestellt. Es folgenzwei zusammenfassende und weiterführende Unterkapitel zu echten Projektionen: Kapitel 2.6.6 zu Merkmalen und graphischer Erstellung, Kapitel 2.6.7 mit für die Kartographie fundamentalen Beispielen. Der daran anschließende Abschnitt (KAP 2.6.8) widmet sich einigen ‚unechten Vertretern'.

1. Verzerrungen

2. Form der Abb.-Fläche

3. Lage der Abb.-Fläche

4. Lage des Proj.zentrums

5. Projektions-vorschrift

2.7.2 ... nach Treueeigenschaften (nach Verzerrungen)

Weil in die Benennung von Netzentwürfen immer nur Treueeigenschaften eingehen und nicht etwa die verzerrenden Nebenwirkungen einer Projektion, seien hier noch einmal die möglichen Treueeigenschaften aufgelistet:

- mittabstandstreu heißt längentreu in radialer Richtung;
- abweitungstreu heißt längentreu in tangentialer Richtung;
- flächentreu (äquivalent) bedeutet, dass die *Flächengröße* eines Erdausschnitts naturgetreu abgebildet wird, wenn auch die Fläche an sich formverzerrt ist;
- winkeltreu (konform) bedeutet, dass eine Fläche bei der Abbildung in die Ebene größer oder kleiner wird, seine Form dabei aber beibehält.

1. Verzerrungen

2. Form der Abb.-Fläche

3. Lage der Abb.-Fläche

4. Lage des Proj.zentrums

5. Projektions-vorschrift

2.7.3 ... nach Form der Abbildungsfläche

Erinnern wir uns kurz an die notwendigen Schritte zur Abbildung der Erdoberfläche:

- „Erfassung (Vermessung) der Objekte,
- Abbildung der Objekte auf eine Bezugsfläche (Ersatzfläche),
- Abbildung der Bezugsfläche in die Ebene" (KOHLSTOCK 2004: 19).

In dem noch verbleibenden dritten Schritt werden das Gitternetz der Erde und alle abzubildenden Objekte von der *Bezugsfläche* (Kugel oder Ellipsoid) auf eine Abbildungsfläche projiziert. Diese kann drei Formen annehmen (TAB 2.2 ergänzt noch die Bezeichnungen für die entsprechenden Projektionen), wobei Zylinder- und Kegelprojektionen noch ‚aufgeklappt' und dieserart in die *Ebene* gebracht werden müssen (ABB 2.19):

Die Funktionsweise v. Netzentwürfen veranschaulicht besonders markant die nachfolgende Internetseite:

www.kowoma.de/gps/geo/Projektionen.htm

TAB 2.2_Einteilung von Netzentwürfen nach Form der Abbildungsfläche

Form der Abbildungsfläche	Bezeichnung der entsprechenden Projektion
Ebene	Azimutalprojektion
Zylinder	Zylinderprojektion
Kegel	Konische oder Kegelprojektion

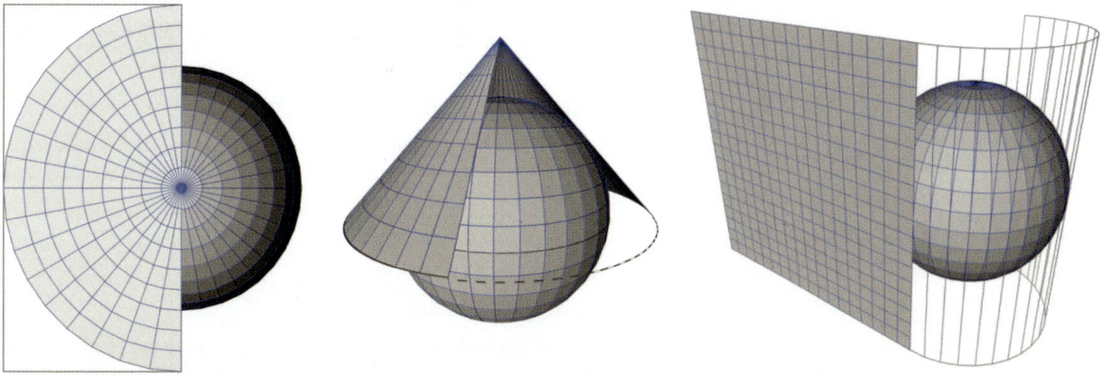

ABB 2.19_Einteilung von Netzentwürfen nach Art der Abbildungsfläche;
erstellt und verändert nach DIERCKE-Atlas (2002: 245) – *mit freundlicher Genehmigung durch den Westermann-Verlag*

Aus den obigen Abbildungen werden die jeweiligen Qualitäten der Projektionsarten bereits ersichtlich:

- **Azimutalprojektionen** (auf eine Ebene) eignen sich besonders für Gebiete von ungefähr kreisförmiger Gestalt:
    - ❖ in normaler Lage für Nord- und Südpolargebiet;
    - ❖ in schiefachsiger und transversaler Lage geeignet für flächentreue Erdteilkarten;

Erläuterungen zur **Lage der Abbildungsfläche** » siehe nächstes Unterkapitel!

- **Kegelprojektionen** eignen sich für die Darstellung von Gebieten mittlerer geographischer Breite und starker Ost-West-Ausdehnung,
- **Zylinderprojektionen** eignen sich besonders für die Darstellung von Gebieten im Bereich des Äquators (in normaler Lage) oder eines Meridians (in transversaler Lage):
    - ❖ in normaler Lage führt die mittabstandstreue Abbildung auf einen Berührungszylinder zu einem rechtwinkligen Koordinatensystem, bekannt als *quadratische Plattkarte* (Gradnetzbild s. KAP 2.6.7);
    - ❖ in normaler Lage entsteht bei winkeltreuer Projektion die sog. Mercator-Abbildung, die sich aufgrund ihrer Winkeltreue für Navigationskarten eignet – die Loxodrome (Kursgleiche) wird als Gerade abgebildet;
    - ❖ die querachsige Lage wird als winkeltreue Abbildung für topographische Karten großer und mittlerer Maßstäbe eingesetzt; so dient die Gauß-Krüger-Abbildung als Grundlage vieler amtlicher topographischer Kartenwerke (vgl. KAP 4.4.2).

Die **Mercator-Projektion** ist benannt nach ihrem Erfinder Gerhard Kremer, genannt Mercator (1512 – 1594). In transversaler Lage ist die Mercator-Abbildung Basis für das Universale Transversale Mercator-Netz (**UTM**, siehe KAP 4.4.3).

Neben diesen Abbildungsflächen gibt es **Planisphären**, Darstellungen der gesamten Erdoberfläche. Als Atlaskarte wird eine zwischen Flächen- und Winkeltreue vermittelnde Abbildung gewählt, um damit eine größtmögliche

Formtreue der Kontinente und Ozeane zu erreichen. Vermittelnde Projektionen sind sog. Unechte Projektionen – sie werden in KAP 2.6.8 behandelt.

2.7.4 ... nach Lage der Abbildungsfläche

Die eben angeführten Abbildungsflächen können ihre zur Erdkugel relative Lage zwischen zwei Extreme bewegen (ABB 2.20). Die Extreme heißen

- **normale** oder **polständige** Lage sowie
- **transversale** oder **äquatorständige** Lage.
- Als **schiefachsig** oder **zwischenständig** wird jede Lage bezeichnet, bei der die Hauptachse der Abbildungsfläche nicht mit der Erdachse (polständig) oder mit der Äquatorialebene (transversal) zusammenfällt, sondern zu beiden in einem Winkel > 0° einfällt.

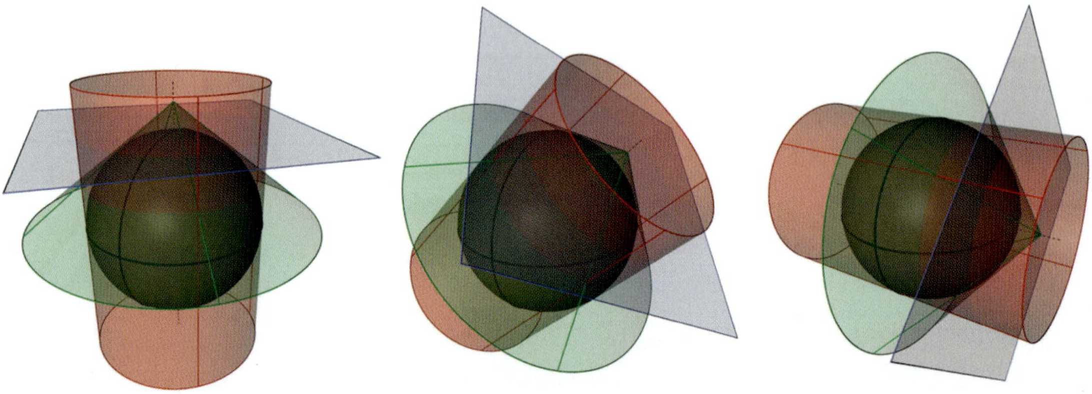

ABB 2.20_Einteilung von Netzentwürfen nach Lage der Abbildungsfläche (v. li.): normale Lage, schiefachsig, transversal

Berührungsprojektion vs. Schnittprojektion

1. Verzerrungen
2. Form der Abb.-Fläche
3. **Lage der Abb.-Fläche**
4. Lage des Proj.zentrums
5. Projektionsvorschrift

In den bisherigen Abbildungen haben die Abbildungsflächen die Erdkugel nur berührt. Als gemeinsame Punkte/Linien entstehen so im Fall...

- *azimutale Abbildungsfläche berührt Kugeloberfläche*: ein Berührungspunkt (in normaler Lage Nord- oder Südpol, in transversaler Lage ein Punkt auf dem Äquator),
- *zylindrische Abbildungsfläche berührt Kugeloberfläche*: ein Berührungskreis (in normaler Lage der Äquator, in transversaler Lage ein aus zwei Meridianen zusammengesetzter Großkreis),
- *konische Abbildungsfläche berührt Kugeloberfläche*: ein Berührungskreis (in normaler Lage ein Breitenkreis auf der Nord- bzw. Südhalbkugel).

Genauso möglich ist auch, dass die Abbildungsflächen die Kugeloberfläche schneiden. Als gemeinsame Linien bzw. Kreise entstehen dann im Fall...

- *azimutale Abbildungsfläche schneidet Kugeloberfläche*: ein Schnittkreis (in normaler Lage ein Breitenkreis auf der Nord- oder Südhalbkugel),

- *zylindrische Abbildungsfläche schneidet Kugeloberfläche*: zwei Schnittkreise (in normaler Lage zwei Breitenkreise auf Nord- und Südhalbkugel),
- *konische Abbildungsfläche schneidet Kugeloberfläche*: zwei Schnittkreise (in normaler Lage zwei Breitenkreise auf Nord- und/oder Südhalbkugel).

In diesem Querschnitt ist die Abbildungsfläche als Gerade, ein Ausschnitt der Erdkugel (Bezugsfläche) als Bogen dargestellt. Die roten Pfeile stehen für die verschieden notwendigen Richtungen der Projektion – ihre Länge darf als Maß der dabei auftretenden Verzerrungen verstanden werden: Je länger, desto stärker die lokale Verzerrung.

ABB 2.21_Schema einer Berührungsprojektion (links) und einer orthogonalen Schnittprojektion im Querschnitt

Schnittprojektionen haben den Vorteil, größere Gebiete mit besseren Treueeigenschaften darzustellen, weil (vgl. ABB 2.21)

1. nicht mehr nur eine Linie längentreu abgebildet wird, sondern zwei;
2. sich dadurch Verzerrungen ausgleichen;
3. als Folge auch annähernd Flächen- und Winkeltreue erreicht wird.

1. Verzerrungen
2. Form der Abb.-Fläche
3. Lage der Abb.-Fläche
4. Lage des Proj.zentrum
5. Projektions-vorschrift

2.7.5 ... nach Lage des Projektionszentrums

In KAP 2.6 haben wir die Vorstellung bemüht, in der Mitte eines kugelförmigen Drahtgestells sei eine Glühbirne installiert; die Gitterlinien werfen einen Schatten auf die Wände im Raum. Bildlich gesprochen haben wir in den voranstehenden Abschnitten den Raum erst zu einer Fläche, einem Zylinder und einem Kegel verformt und sie anschließend in jede denkbare Lage relativ zum Drahtgestell gebracht. Jetzt bewegen wir die Glühbirne!

Bezogen auf die Erdkugel, kann das Projektionszentrum überall installiert sein und jeder nur denkbare Größe annehmen. Für die Kartographie sind drei Positionen entscheidend, weil sie einfach zu berechnende und z.B. für Seemannskarten äußerst nützliche Eigenschaften einer Karte erzeugen.

ABB 2.22_Azimutalprojektion – Lage des Projektionszentrums (von links): zentral, stereographisch, orthographisch
Entwurf und Realisierung: Maximilian Scharf

Diese drei *Positionen des Projektionszentrums* sind folgende:

- **Zentral/Gnomonisch**. In der Mitte der Erdkugel.
- **Stereographisch**. In einem Punkt auf der Erdoberfläche.
- **Orthographisch**. Ähnlich der Sonne mit einer Entfernung und Größe, dass die projizierenden Lichtstrahlen parallel einfallen.

Die nachfolgende Reihe von Abbildungen soll die Lage des Projektionszentrums schematisch veranschaulichen. Dazu wird lediglich von einer azimutalen Abbildungsfläche in normaler Lage ausgegangen, um die Grafiken nicht unnötig zu belasten. Das Gleiche gilt auch für Zylinder- und Kegelprojektionen sowie für jede Lage der Abbildungsfläche relativ zur Erde. Allerdings ist einerseits nicht jede Kombination von Projektionszentrum, Abbildungsfläche und dessen Lage sinnvoll. Andererseits muss im Fall der stereographischen Zylinderabbildung das Projektionszentrum immer relativ zum gegenüber liegenden Meridian „mitwandern", damit die Breitenkreise erstens komplett und zweitens als Parallelen zum Äquator abgebildet werden!

ABK

PZ = Projektionszentrum

P = Punkt auf der Erdoberfläche

P′ = auf Abbildungsfläche projizierter Punkt

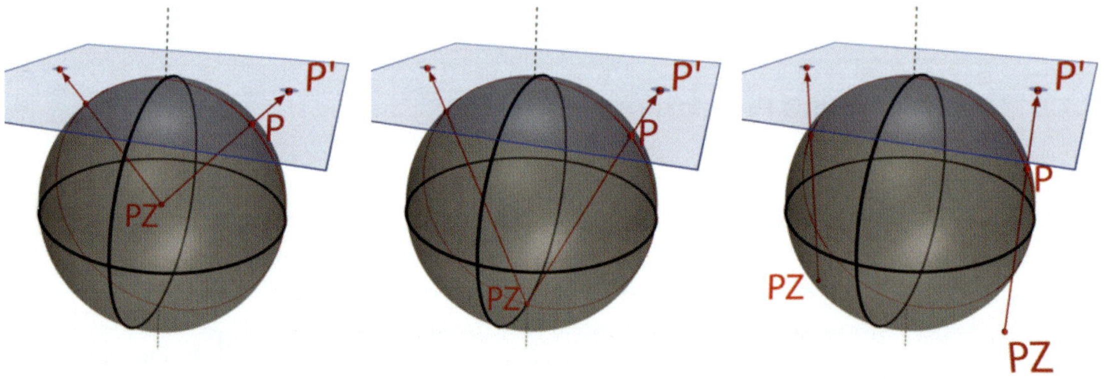

ABB 2.23_Einteilung von Netzentwürfen nach Lage des Projektionszentrums

2.7.6 Zwischenstand: Echte Projektionen – ihre Merkmale und graphische Erstellung

Die drei genannten Grundtypen der Projektion müssen variiert werden, um bestimmte Treueeigenschaften zu erzeugen. ABB 2.24 zeigt beispielhaft, wie eine *mittabstandstreue Azimutalabbildung in normaler Lage* entsteht.

Auf einer mittabstandstreuen Azimutalabbildung in normaler Lage entspricht der Radius eines Breitenkreises der Naturstrecke vom Pol bis zum Breitenkreis (arc_φ). Diese ist Teilstück des Großkreises durch den Nord- und Südpol mit dem Umfang U = 40.030 km.

Dieser Bruchteil wiederum ist $40.030\text{ km} \cdot \frac{90° - \varphi}{360°}$ groß.

Anders ausgedrückt: $arc_\varphi = 111{,}1..km \cdot (90° - \varphi)$, also der zugehörige Winkel multipliziert mit der Abweitung eines Großkreises. Zusammengefasst:

$$\mathbf{m_\varphi = arc_\varphi} = 111{,}1..km \cdot (90° - \varphi) = \frac{40.030\text{ km}}{360°} \cdot (90° - \varphi) = \mathbf{2\,\pi\,R \cdot \frac{90°-\varphi}{360°}}.$$

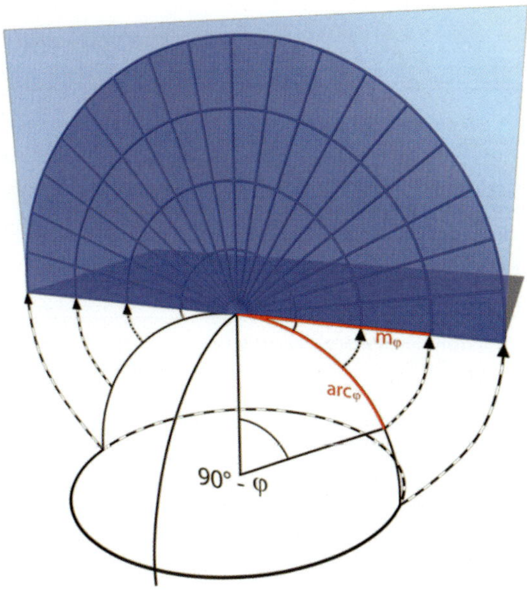

Oberer Teil: Azimutale Abbildungsfläche (zur Hälfte hochkant gestellt) mit abgetragener Bogenlänge;

m_φ ist Radius des Breitenkreises, der auf der azimutalen Abbildungsfläche abgetragen wird. Er hat dieselbe Länge wie **arc_φ**.

Unterer Teil: Nordhalbkugel und ein zum Winkel 90°- φ gehöriges Kreisbogenstück;

arc_φ ist die zum Winkel 90° – φ gehörige Bogenlänge entlang der Kugeloberfläche, d.h. die Naturstrecke vom Pol bis zum Breitenkreis φ.

ABB 2.24_Muster einer mittabstandstreuen Azimutalprojektion in normaler Lage

Mit Hilfe dieser Formel lässt sich unter Einsetzen jedes beliebigen Breitenkreises sein Radius auf einer mittabstandstreuen Azimutalabbildung in normaler Lage berechnen. Nach einer maßstäblichen Verkleinerung (KAP 3) lässt sich z.B. folgende Aufgabe lösen:

Konstruieren Sie das Gradnetzbild der azimutalen Abbildung in normaler Lage im Maßstab 1 : 48.000.000 mit den Breitenkreisen 30°S, 40°S, 50°S, 60°S, 70°S, 80°S und 90°S für den Ausschnitt mit den Längengraden 45°W bis 45°E (Meridiane in einem Abstand von jeweils 15° eintragen) als mittabstandstreue Abbildung. (Geben Sie zusätzlich den Abstand der Breitenkreisbilder in Millimeter an.)

Mit **$2\,\pi \cdot m_\varphi$** lässt sich darüber hinaus der *Umfang des Breitenkreises* berechnen, den dieser auf der mittabstandstreuen Azimutalabbildung einnimmt:

Berechnen Sie den Umfang der Breitenkreise 70°N, 50°N und 0°

a) in der Natur,
b) in einer mittabstandstreuen Azimutalprojektion.

Die Formeln sind nicht immer ganz einfach. Alle zumutbaren sind in Tab. 2 (unterer Abschnitt) aufgelistet.

TAB 2.3_Merkmale der Netzbilder echter Abbildungen in normaler Lage;
obere Hälfte vgl. HAKE et al. (2002: 55)

Netzteile	**und ihre Erscheinungsform in folgendem Abbildungstyp...**		
	azimutal	**zylindrisch**	**konisch**
Pol	Punkt	Gerade (evtl. im Unendlichen)	Punkt oder Kreis
Meridiane	Geraden durch Pol-Bild (Winkel zwischen Meridianen wie in Natur)	Parallele Geraden (kein Schnittwinkel)	Geraden durch Pol-Bild (Winkel zwischen Meridianen kleiner als in Natur)
Breitenkreise	Konzentrische Kreise um Polbild (Abstand s. Formel)	Parallele Geraden (Abstand s. Formel)	Konzentrische Kreisausschnitte um Polbild (Abstand s. Formel)
	Der Schnittwinkel zwischen Meridian und Breitenkreis beträgt immer 90°		
Abbildungsfläche gedeutet als	Tangentialebene am Pol	Zylindermantel um Erdfigur » verebnet	Kegelmantel um Erdfigur » verebnet
	(Formeln zur Konstruktion von Abbildungen in normaler Lage!)		
mittabstandstreu	$m_\varphi = 2\pi R \cdot \frac{90° - \varphi}{360°}$	$x = 2\pi R \cdot \frac{\varphi}{360°}$	Die Abstände der Breitenkreisbilder werden wie bei Azimutal- und Zylinderprojektionen durch spezifische Abbildungsgleichungen bestimmt.
flächentreu	$m_\varphi = 2R \sin\left(\frac{90° - \varphi}{2}\right)$	$x = R \sin(\varphi)$	
winkeltreu	$m_\varphi = 2R \tan\left(\frac{90° - \varphi}{2}\right)$	$x = R \ln \tan\left(\frac{45° + \varphi}{2}\right)$	
Erläuterungen	m_φ beschreibt Radius des entsprechenden Breitenkreisbildes	x beschreibt Abstand der Breitenkreisbilder vom Äquator	

2.7.7 Echte Projektionen – Gradnetzbilder von kartographischen Klassikern

Die Merkmale echter Projektionen lassen sich zu einer Vielzahl von Netzentwürfen kombinieren. Einige sind prädestiniert für die Abbildung der Polargebiete, der mittleren Breiten, des Äquators, eines Meridianstreifens oder für die Nutzung als Navigationskarten. Sie sollen in den nachfolgenden Abbildungen anhand ihrer Gradnetzbilder vorgestellt werden.

Azimutalabbildungen weisen in normaler Lage vom Pol aus radial stark zunehmende Verzerrungen auf und sind deshalb nur für die Polgebiete bis etwa 60° nördlicher bzw. südlicher Breite geeignet.

Bezüglich der verschiedenen konischen Projektionen sei auf Grafiken der Fachliteratur verwiesen (KOHLSTOCK 2004: 31). Dort finden sich auch die etwas schwieriger zu konstruierenden Azimutalabbildungen in schiefachsiger Lage.

Grün bedeutet längen-/flächentreu, **rot** bedeutet Dehnung in radialer/tangentialer Richtung »

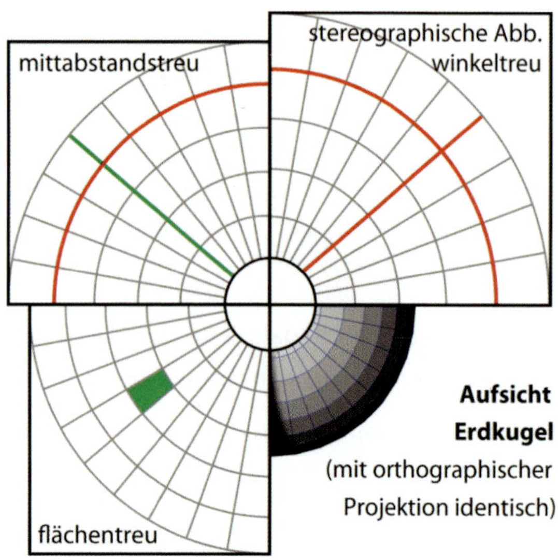

ABB 2.25_Azimutalabbildungen in normaler Lage anhand ihrer schematischen Gradnetzbilder

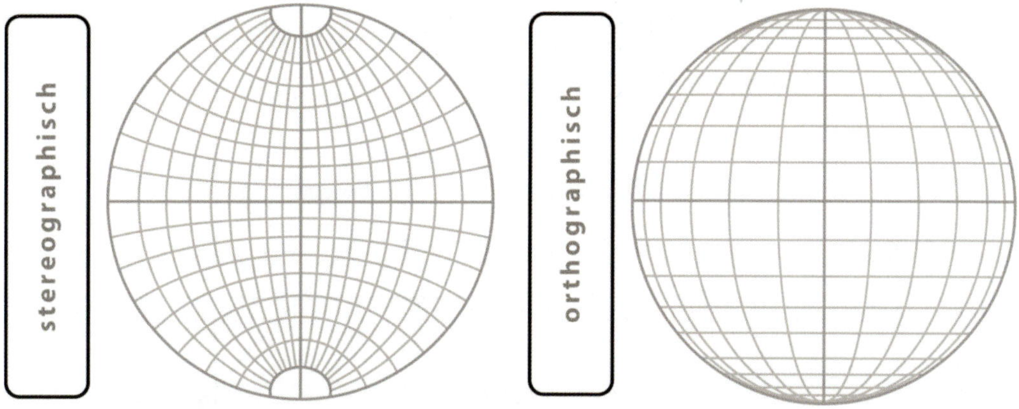

ABB 2.26_Stereographische und orthographische Projektion auf azimutale Abbildungsfläche in transversaler Lage

Die *gnomonische Azimutalabbildung* entsteht aus der Projektion aller Netzlinien vom Erdmittelpunkt aus in die Berührungsebene. Sie ist wegen rasch zunehmender Verzerrungen für kartographische Zwecke weniger geeignet. Ihre Bedeutung liegt darin, dass sie alle Großkreisbögen und damit auch alle Orthodromen als Geraden abbildet – allerdings nicht längentreu!

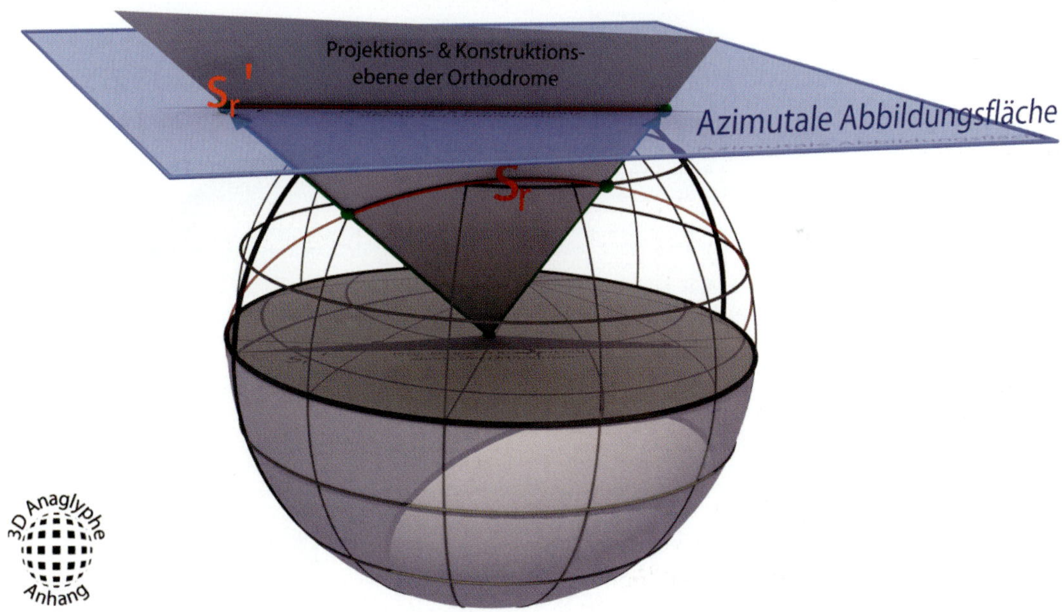

ABB 2.27_Projektion der Orthodrome als Gerade – die gnomonische Azimutalabbildung

Wie funktioni ert das? – Großkreise entstehen als Schnittkreis zwischen der Erdoberfläche und einer Ebene, die durch den Erdmittelpunkt geht. Dieser ist zugleich Projektionszentrum der gnomonischen Abbildung. Die Projektion der Orthodrome findet also ‚entlang' der sie erzeugenden Ebene statt, die wiederum die azimutale Abbildungsfläche schneidet. Der Schnitt zweier Ebenen ist eine Gerade! Diese ist gegenüber der wahren Länge auf der Kugel je nach Abstand vom Berührungspunkt zunehmend gedehnt (ABB 2.27).

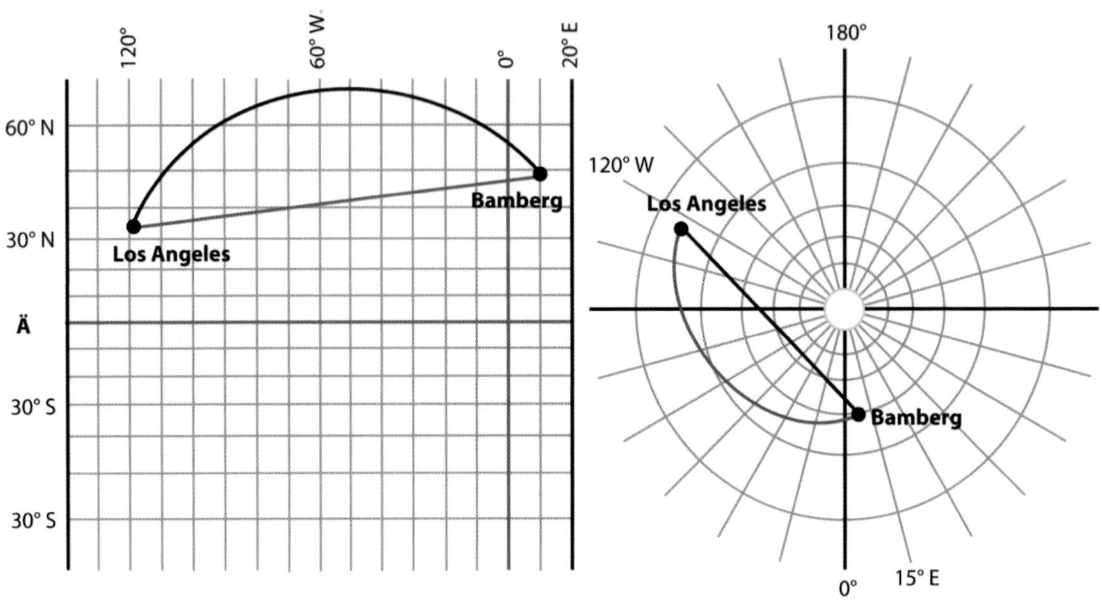

ABB 2.28_Orthodrome und Loxodrome auf Mercatorprojektion und polständiger gnomonischer Azimutalabbildung

Die in ABB 2.28 verwendete Mercatorabbildung ist eine winkeltreue polständige Zylinderabbildung und besonders als Navigationskarte geeignet, weil sie die Loxodrome (Kursgleiche) als Gerade darstellt. Die nebenstehende Abbildung reiht die Mercatorprojektion in die ‚Familie' der polständigen Zylinderabbildungen ein. Charakteristisch sind die parallelen Längenkreisbilder. Ihre polwärtige Dehnung erzeugt bei Mittabstandstreue die *quadratische Plattkarte*, sie wird durch abnehmenden Abstand der Breitenkreise zur Flächentreue ‚kompensiert' und bewirkt bei gleichzeitiger Dehnung in radialer Richtung die besprochene Winkeltreue (Mercator-Projektion).

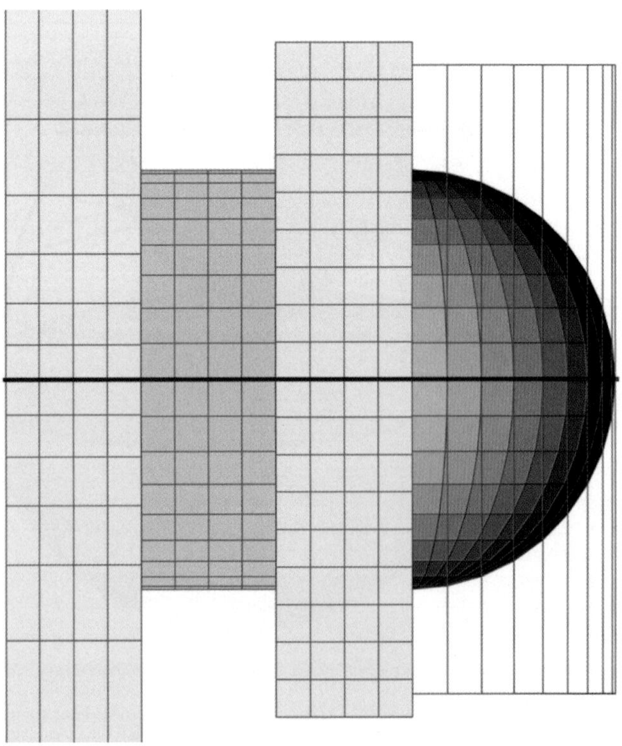

ABB 2.29_Zylinderabbildungen in polständiger Lage; ergänzt nach DIERCKE (2002: 245)
Links: winkeltreu (Mercatorabbildung); Mitte: flächentreu; Rechts: mittabstandstreu (quadratische Plattkarte); Globus: Schema Zylinderabbildung

ABB 2.25-ABB 2.29_echte Netzentwürfe anhand ihrer schematischen Längen- und Breitenkreisbilder

2.7.8 Unechte Projektionen

Unechte Netzentwürfe entstehen aus echten Abbildungen durch mathematische Zusatzbedingungen. Beispiele und ihre charakteristischen Eigenschaften listet Tab. 4 auf.

Zur Erinnerung: Azimutal- und Zylinderprojektionen sind nur Grenzfälle der Kegelprojektionen. Auf dieser Überlegung fußt eine von WILHELMY (1975: 78 – Kap. 1) erstellte tabellarische Übersicht zu ‚Verwandtschaften unter den Projektionen' – lohnenswert!

TAB 2.4_Eigenschaften unechter Netzentwürfe: Grundlagen, Treueeigenschaften und die Darstellung der Netzteile
(unechte Netzentwürfe entstehen durch zusätzliche mathematische Bedingungen aus den echten Abbildungen)

Entwurf (nach...)	Grundlage	Treueeigenschaft	Netzteile: Pole	Netzteile: Längenkreise	Netzteile: Breitenkreise
Bonne* (z.B. für Afrika, Südamerika)	mittabstandstreue konische Abbildung	abweitungstreu flächentreu mittabstandstreu nur auf Mittelmeridian		Krumme Linien	Abweitungstreue krumme Linien
Mercator-Sanson*	flächentreue Zylinderabbildung	flächentreu abweitungstreu	Punkte	Sinuskurvenausschnitte	Geraden
Mollweide	transversale Azimutalabbildung	annähernd (in den BK-Zonen) flächentreu		ellipsenförmig	Geraden
Hammer & Aitoff	transversale Azimutalabbildung	flächentreu		ellipsenförmig	gebogen
Eckert: Trapezform, Ellipsenform, Sinuslinienform	(Mittel gegen die Schiefschnittigkeit)	Äq. längentreu annähernd flächentreu	Gerade (halber Äquator)	Trapezform Ellipsenform Sinuslinienform	Geraden
Winkel	mittabstandstreue konische Abb. & unecht-azimutale Abb. von Aitoff	vermittelnd	Gerade	gebogen	leicht gebogen (räumlicher Eindruck)
Zerlappte Netze	Projektion nach Mercator-Sanson oder Mollweide	vermittelnde Treueeigenschaften, indem z.B. verschiedene Meridiane längentreu dargestellt werden			
Abbildungseigenschaften: **Generelle (*starke) Schiefschnittigkeit in den Randbereichen.** Gute Abbildungseigenschaften sind bei unechten Projektionen immer im mittleren Bereich garantiert, demgegenüber bleiben echte Abbildungen nahe des Berührungspunktes bzw. eines/zweier Berührungskreise relativ verzerrungsfrei.					

Entwurf nach Bonne

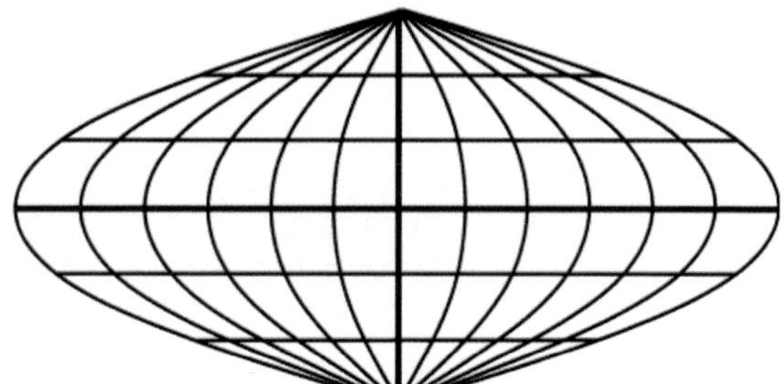

Entwurf nach Mercator-Sanson

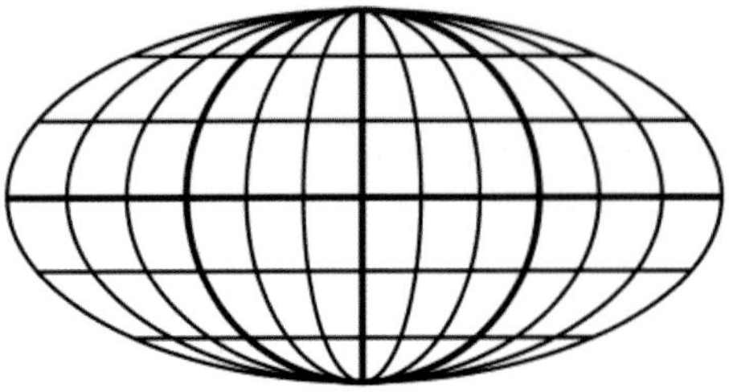

Entwurf nach Mollweide

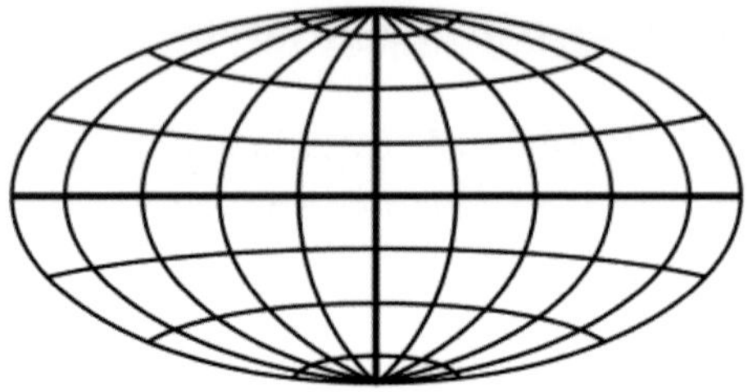

Entwurf nach Hammer-Aitoff

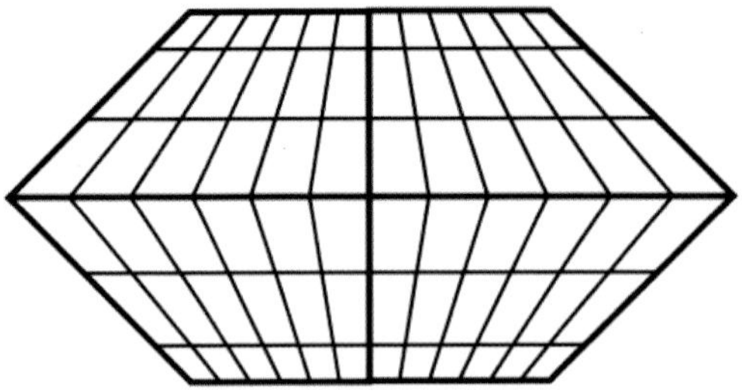

Entwurf 2 nach Eckert (Trapezform)

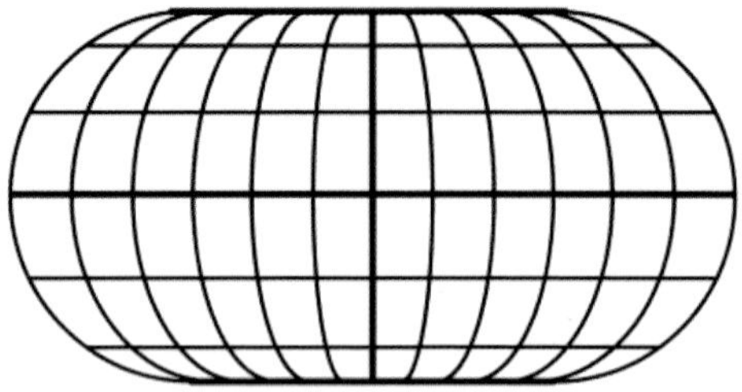

Entwurf 4 nach Eckert (Ellipsenform)

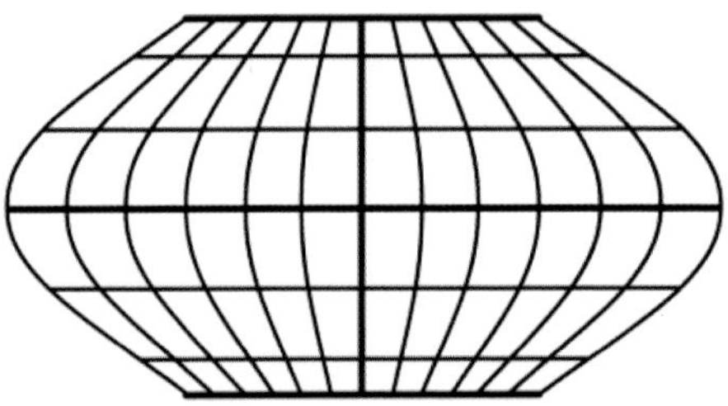

Entwurf 6 nach Eckert (Sinusform)

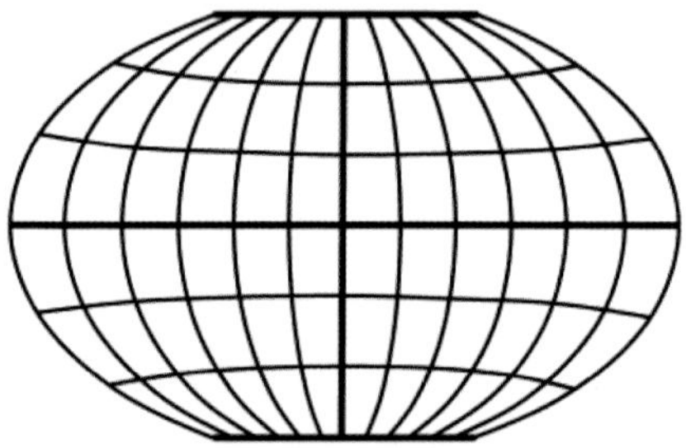

Entwurf nach Winkel

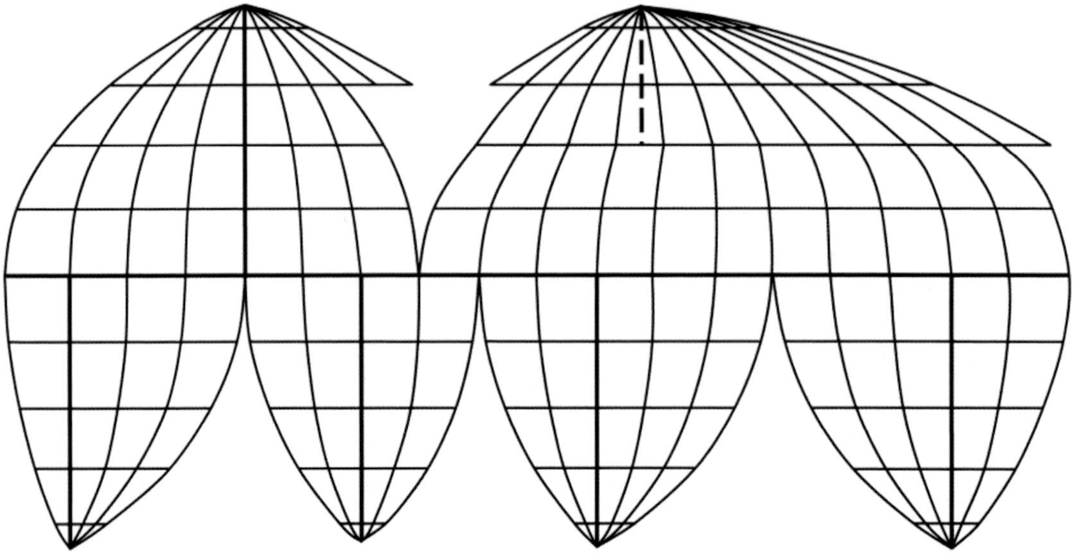

Zerlappte Netze: Erdkarte in Goodes flächentreuer Projektion auf Grundlage der Mercator-Sanson-Projektion

ABB 2.30_Unechte Netzentwürfe anhand ihrer schematischen Längen- und Breitenkreisbilder

Verständnisfragen

V.2.1 Nennen Sie die verschiedenen Erdfiguren. Gehen Sie kurz genauer auf sie ein.

V.2.2 Was genau ist eigentlich Abweitung? (Formel auch nennen!!!)

V.2.3 Eine Expedition verlässt ihren Startpunkt P_1 (90°N, 60°E) in südlicher Richtung. Nach 100km bahnen sich die Teilnehmer ihren Weg für weitere 200km nach Osten, um zuletzt wiederum 100km nach Norden zu reisen. An welchem Endpunkt P_2 ist die Expedition angekommen?

V.2.4 Eine zweite Expedition führt die Forschungsgruppe von Kairo/Ägypten (30°N, 30°E) ins entfernte Seward/Alaska (60°N, 150°W) – auf direktem und schnellstem Weg! Wie viel Strecke muss die Expedition zurücklegen?

V.2.5 Geben Sie eine Definition von geographischer Breite und Länge.

V.2.6 Was ist eine Orthodrome und eine Loxodrome? (Formel für Orthodrome!)

V.2.7 Bei Abbildung der Erdoberfläche oder von Teilen derselben in die Ebene treten Verzerrungen auf. Das Hilfsmittel *Indikatrix* hilft uns, diesen Vorgang zu erkennen. Was ist eine Indikatrix und welche Verzerrungen werden unterschieden?

V.2.8 Verzerrungen können in radialer und/oder tangentialer Richtung auftreten. Was bedeutet das – welche Abstände verändern sich dabei?

V.2.9 Was sind Netzentwürfe und wie lassen sie sich einteilen?

V.2.10 Rekapitulierender Arbeitsauftrag: Benennen und erklären Sie anhand der in diesem Kapitel beigefügten Zusammenstellung *Merkmale der Netzbilder echter Abbildungen in normaler Lage* die graphische Realisation der aufgeführten Netzteile (Pol, Meridiane, Breitenkreise, Schnittwinkel).

V.2.11 Was muss in radialer bzw. tangentialer Richtung mit einer mittabstandstreuen Azimutalabbildung in normaler Lage passieren (Dehnung oder Stauchung), damit die Projektion flächentreu bzw. winkeltreu wird? Wie verändert sich die graphische Realisation von Längen- und Breitenkreisen?

V.2.12 Benennen Sie die zentralen Eigenschaften (a) der mittabstandstreuen, (b) der flächentreuen und (c) der winkeltreuen Zylinderabbildung in normaler Lage? (Tipp: Der Bezug und Hinweis auf die in etwa flächengleichen Beispiele Grönland und Arabische Halbinsel kann die Charakteristika der verschiedenen Netzentwürfe anschaulich machen.)

V.2.13 Welchen Vorteil hat eine „Schnitt-Projektion", also eine Projektion, bei der die Abbildungsfläche (Schnittkegel, -zylinder) die Bezugsfläche (Kugel, Ellipsoid) schneidet?

Aufgabenkatalog

A.2.1 Havanna/Kuba (82°22'W, 23°08'N) und Dhaka/Bangladesch (90°25'E, 23°43'N) liegen beide nahe am Nördlichen Wendekreis. Berechnen Sie sowohl (a) die kürzeste Verbindung zwischen den beiden Städten ($\varphi_1 = \varphi_2 = 23{,}5°$) als auch (b) die Entfernung entlang des Wendekreises. (c) Wie groß ist die Abweitung am nördlichen Wendekreis?

A.2.2 Berechnen Sie zu nebenstehender Abbildung die Länge der Strecken x und y (a) in der Natur und (b) in einer mittabstandstreuen Zylinderabbildung?

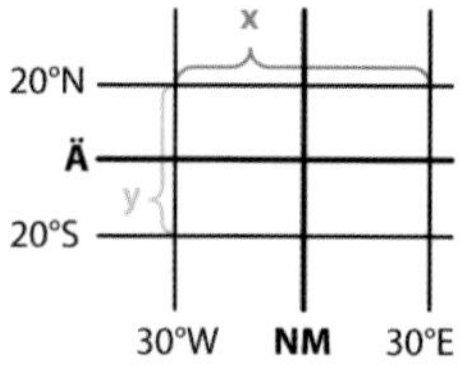

3 Maßstäbliche Umrechnung

3.1 Der Maßstab und seine Anwendung

ANM_Abkürzungen

K = Kartenstrecke
N = Naturstrecke
F_K = Fläche in der Karte
F_N = Fläche in der Natur

Weil der ganze Erdball aus ersichtlichen Gründen nicht 1 : 1 auf einer Karte abgebildet werden kann, werden alle **Distanzen** maßstäblich verkleinert:

(9) $K = N : m$ (Abkürzungsschlüssel siehe Randspalte).

DEF_Maßstabszahl

m heißt *Maßstabs-* oder *Modulzahl* und gibt das Verhältnis von Naturstrecke zu Kartenstrecke an:

(10) $m = N : K$.

Das klingt so weit verständlich, schließlich muss die Kartenstrecke kleiner sein als in der Natur!

Der *Maßstab M* ist das lineare Verkleinerungsverhältnis von Karte zu Natur:

!!!

Aus $\mathbf{M} = \frac{1}{\mathbf{m}}$ folgt…

große Maßstabszahl m
>> kleiner Maßstab M
(und umgekehrt)!

(11) $M = K : N$,

also der *Kehrwert von m*. Der Maßstab M wird auf jeder Karte angegeben,

a. als **Verhältniszahl** $\mathbf{M} = \frac{1}{\mathbf{m}}$ (Kehrwert!) oder
b. als **Skalenmaßstab**. Der Skalenmaßstab kann auch bei nachträglicher Verkleinerung (z.B. am Kopierer) noch verwendet werden.

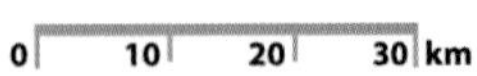

Beispiel für einen Skalenmaßstab

Ein Beispiel. Die physische Übersichtskarte Deutschland aus dem DIERCKE-Atlas hat einen Maßstab von 1 : 2.250.000. Simpel übersetzt bedeutet das:

Eine Längeneinheit auf der Karte entspricht 2.250.000 Längeneinheiten in der Natur (vgl. Formel (11) M = K : N), also: 1 cm Kartenstrecke entspricht 2.250.000 cm = 22.500 m = 22,5 km Naturstrecke.

TAB 3.1_Strecken auf der Karte und im Gelände (vgl. für die TK 50 auch LINKE 1992: 15)

Bei M = 1 : 25.000 entspricht		1 cm auf der Karte entspricht		1 km im Gelände entspricht	
auf der Karte	**im Gelände**	**bei Maßstab**	**im Gelände**	**bei Maßstab**	**auf der Karte**
1 mm	25 m	1 : 5.000	50 m	1 : 5.000	20 cm
2 mm	50 m	1 : 10.000	100 m	1 : 10.000	10 cm
5 mm	125 m	1 : 25.000	250 m	1 : 25.000	4 cm
1 cm	250 m	1 : 50.000	500 m	1 : 50.000	2 cm
2 cm	500 m	1 : 100.000	1 km	1 : 100.000	1 cm
5 cm	2,25 km	1 : 200.000	2 km	1 : 200.000	5 mm
10 cm	2,5 km	1 : 500.000	5 km	1 : 500.000	2 mm
20 cm	5 km	1 : 1.000.000	10 km	1 : 1.000.000	1 mm

Flächen sind bekanntlich über *zwei Dimensionen* definiert. Wird eine Naturfläche in eine Karte übertragen, werden Länge und Breite dabei jeweils (!) maßstäblich verkleinert. Damit geht der Maßstab im Quadrat in die Gleichung ein, die das Größenverhältnis von Kartenfläche zu Naturfläche angibt:

Maßstäbliche Umrechnung von **Flächen**

(12) $F_K \; (= F_N \cdot M^2) = F_N : m^2$. Umgekehrt gilt:
(13) $F_N \; (= F_K : M^2) = F_K \cdot m^2$.

Die Form der Fläche spielt dabei keine Rolle. Das vergängliche Schulwissen soll uns hier noch einmal an die mathematischen Grundflächen erinnern.

3.2 Mathematische Grundflächen und ihre Formeln

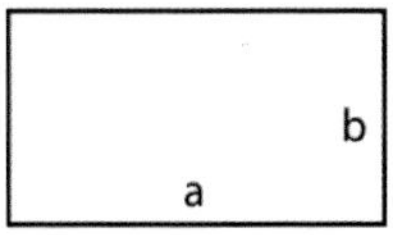

Das Rechteck:
Umfang $U = 2 \cdot a + 2 \cdot b$
$F_K = a \cdot b$
$F_N = (a \cdot m)(b \cdot m) = a \cdot b \cdot m^2$
$\mathbf{F_N = F_K \cdot m^2}$

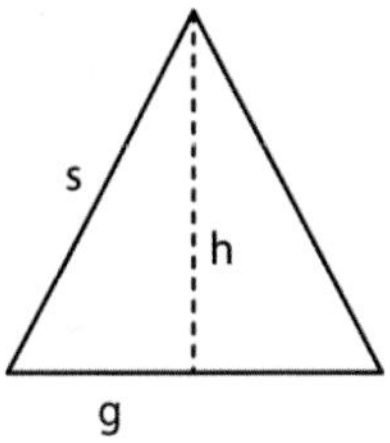

Das Dreieck:
$U = g + 2s$
$F_K = {}^1/_2 \cdot g \cdot h$
$F_N = {}^1/_2 \cdot (g \cdot m)(h \cdot m) = {}^1/_2 \, g \, h \, m^2$
$\mathbf{F_N = F_K \cdot m^2}$

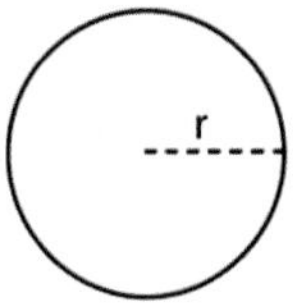

Der Kreis:
$U = 2 \, r \, \pi$
$F_K = \pi \, r^2$
$F_N = \pi \, (r \cdot m)^2 = \pi \, r^2 \cdot m^2$
$\mathbf{F_N = F_K \cdot m^2}$

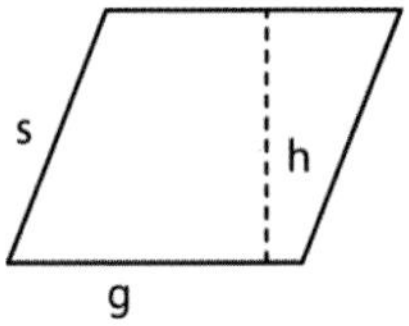

Das Parallelogramm:
$U = 2 \, g + 2 \, s$
$F_K = g \cdot h$
$F_N = (g \cdot m) \cdot (h \cdot m) = g \cdot h \cdot m^2$
$\mathbf{F_N = F_K \cdot m^2}$

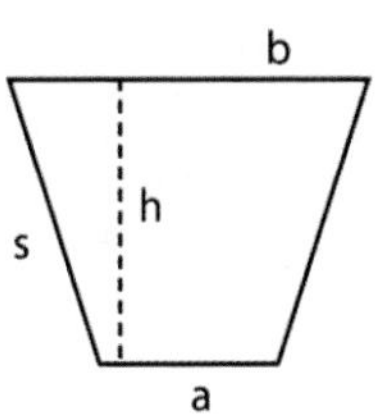

Das Trapez:
$U = a + b + 2 \, s$
$F_K = \frac{a+b}{2} \cdot h$
$F_N = \left[\frac{a+b}{2}\right] \cdot m \cdot h \cdot m = \frac{a+b}{2} \cdot h \, m^2$
$\mathbf{F_N = F_K \cdot m^2}$

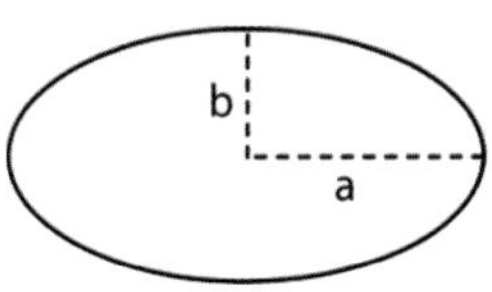

Die Ellipse:
U = etwas komplizierter
$F_K = a \cdot b \cdot \pi$
$F_N = (a \cdot m)(b \cdot m) \cdot \pi = a \, b \, \pi \cdot m^2$
$\mathbf{F_N = F_K \cdot m^2}$

Berechnung **unregelmäßiger Flächen** in Natur und Karte

WDH

Aus $\mathbf{M} = \frac{1}{m}$ folgt…

große Maßstabszahl m >> kleiner Maßstab M (und umgekehrt)!

Die Formel $\mathbf{F_N = F_K \cdot m^2}$ ist also *unabhängig von der Flächenform* gültig!

Die Größe von *unregelmäßig begrenzten Flächen* kann wie folgt angenähert bzw. mit technischen Hilfsmitteln auch genau bestimmt werden:

- Auszählen von Flächeneinheiten (z.B. mittels Millimeterpapier),
- Zerlegen bzw. Annähern der Fläche durch geometrische Figuren,
- Umfahren mit einem Planimeter.

Überlegen Sie, wie Sie den Flächeninhalt der erwähnten Deutschlandkarte im DIERCKE-Atlas (M = 1 : 2.250.000) ohne Planimeter errechnen können!

3.3 Gruppierung von Karten

Im voranstehenden Kapitel dürfte ersichtlich geworden sein, dass Karten mit den unterschiedlichsten Maßstäben denkbar sind und existieren. Für die bessere Struktur werden Karten **nach Maßstab und Inhalt** gruppiert.

1. Entsprechend ihres *Maßstabs* lassen sich Karten wie folgt unterteilen:

TAB 3.2_Gruppierung von Karten nach Maßstab

Großer Maßstab	> 1 : 10.000
Mittlerer Maßstab	1 : 10.000 bis 1 : 300.000
Kleiner Maßstab	< 1 : 300.000
Weitere Einteilungsmöglichkeit:	
Topographische Karten	≥ 1 : 200.000
Geographische Karte	< 1 : 200.000

Vgl. hierzu die nebenstehende ABB 3.1.

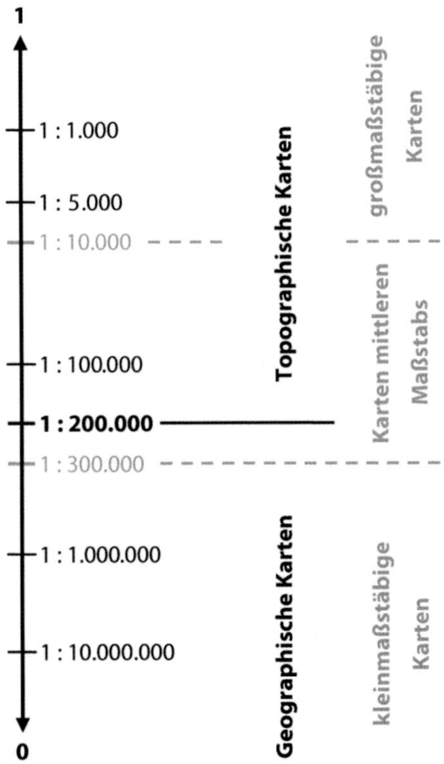

ABB 3.1_Karteneinteilung nach Maßstab

2. Zur Gruppierung nach *Inhalt*:

Topographische und Geographische Karten dienen der Darstellung von Relief, Gewässernetz, Situation und Vegetation.

Demgegenüber visualisieren Thematischer Karten ein bestimmtes Thema mit räumlichem Bezug – auf der Grundlage inhaltlich reduzierter und weniger belasteter topographischer bzw. geographischer Karten

Dieser Unterteilung von Karten nach Inhalt verschreiben sich die nachstehenden Kapitel: Die Topographischen Karten werden in Kapitel 4, die Thematischen Karten in Kapitel 5 behandelt.

Verständnisfragen

V.3.1 Wie entsteht der Maßstab M? Welche Rolle spielt er in der Kartographie?

V.3.2 Karten werden nach *Inhalt* und *Maßstab* unterschieden. Erklären Sie diese Einteilung genauer.

V.3.3 Welche Möglichkeiten der Maßstabsangabe gibt es und welche Vorteile haben diese jeweils?

TAB 3.3_Auswahl nichtdeutscher Kartenmaßstäbe
(vgl. WILHELMY 1975: 39 – Kap.1)

M = 1 : ...	Kartenbeispiele
20.000	Französische Karte
24.000	Karte der USA
31.680	2 inches = 1 mile (Englische Karte)
40.000	Belgische u. Französische Karte
63.360	1 inch = 1 mile (Englische Karte)
75.000	Österreichische Karte
250.000	Karte der USA
300.000	Übersichtskarte von Mitteleuropa

Aufgabenkatalog

A.3.1 Auf einer TK 50 wird eine Strecke von 13 cm gemessen. Wie viel km entspricht dies in der Natur?

A.3.2 Berechnen Sie den Flächeninhalt für das nebenstehende Dreieck ABC in der Natur, wenn der Maßstab 1:40.000 beträgt!

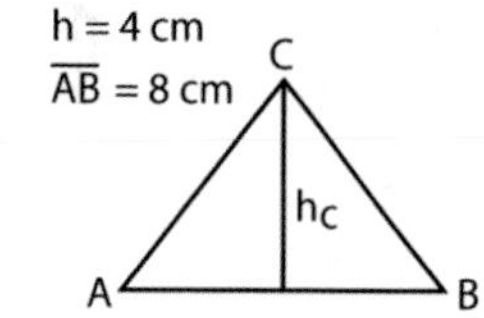

A.3.3 Auf einer Flurkarte werden 10.000 ha angezeigt! Wie viel ist das in km^2 und wie viel ist das in cm^2?

A.3.4 Die Länge einer Strecke beträgt auf einer Karte 5 cm, in Wirklichkeit aber 0,0125 km. Welchen Maßstab hat die Karte?

4 Topographische Karten

DEF_Topographische Karte

Topographische Karten sind landesbeschreibende Karten, in denen die Erdoberfläche in ihren verschiedenen Erscheinungsformen möglichst vollständig und übersichtlich dargestellt ist. Diese Karten enthalten die überarbeiteten Ergebnisse der topographischen Landesaufnahme, z.B. von Siedlungen, Verkehrswegen, Gewässern und Geländehöhen. Die Kartenschriften und -signaturen helfen, die dargestellten Sachverhalte näher zu erläutern. Sie geben ein geometrisch genaues, grundrissähnliches, ausmessbares Bild der Landschaft, soweit dies der jeweilige Maßstab zulässt. Grundlage der Topographischen Karten ist die winkeltreue, zylindrische Abbildung in transversaler Lage (Mercatorprojektion).

MERKE

Topographische Karten sind **Gradabteilungskarten!**

Topographische Karten sind **Gradabteilungskarten**, d.h. sie werden an ihrem West- und Ostrand von je einem Meridianabschnitt sowie am Nord- und Südrand von je einem Breitenkreisausschnitt – also insgesamt vom Gradnetz der geographischen Koordinaten – begrenzt.

DEF_Kartenwerk

Karten, die in einheitlicher Gestaltung und in gleichem Maßstab ein bestimmtes Gebiet lückenlos überdecken, werden zu einem **Kartenwerk** zusammengefasst. *Kartenwerk* heißt also die Gesamtheit dieser Karten.

Eine topographische Karte (Abk. „TK"; im Plural „TKs") enthält die überarbeiteten Ergebnisse der topographischen Landesaufnahme!

Die systematische Landesaufnahme ist in zwei Ebenen hierarchisiert:

Homepage des Landesvermessungsamtes Bayern: www.geodaten.bayern.de

Homepage des Bundesamtes für Kartographie und Geodäsie (BKG): www.bkg.bund.de

- *Landesvermessungsämter* auf Bundeslandebene; sie gehen auf das Reichsamt für kartographische Landesaufnahme zurück, das nach dem Ersten Weltkrieg gegründet und 1938 durch die Gründung von Hauptvermessungsabteilungen dezentralisiert wurde – aus diesen entstanden nach dem Zweiten Weltkrieg die heutigen Landesvermessungsämter;
- *Bundesamt für Kartographie und Geodäsie* (BKG): Bundesbehörde.

TK25 = Messtischblatt

Die systematische Landesaufnahme wurde in Preußen in der 2. Hälfte des 19. Jahrhunderts begonnen. Die zu dieser Zeit angefertigten Karten im Maßstab 1 : 25.000 heißen nach der Herstellungsart im Gelände auch heute noch „Messtischblatt".

Zwei weitere Beispiele für historische Landesaufnahme bzw. historische Kartenwerke sind die „Bayrische Landtafeln" von Philipp Apian (Erstauflage im Jahr 1568 im Maßstab ca. 1 : 144.000) sowie der „Topographische Atlas vom Königreich Bayern" (Maßstab 1 : 50.000; im Jahr 1867 mit 112 Blätter vollständige Erstauflage). Der Vergleich mit der aktuellen Topographischen Karte 1 : 50.000 (kurz: TK 50) zeigt die geographische Entwicklung Bayerns. Damit sind wir beim Thema!

4.1 Amtliche Kartenwerke in Deutschland

Die amtlichen Kartenwerke von Deutschland liegen derzeit in folgender Maßstabsfolge vor:

TAB 4.1_Die amtlichen Kartenwerke der BRD (dicker umrahmt: Topographische Karten)

<table>
<tr><th>Abk./Bez.</th><th>Maßstab</th><th colspan="2">Benennung</th><th>Anmerkung</th></tr>
<tr><td>Höhen-flurkarte</td><td rowspan="2">1 : 5.000</td><td colspan="2">Soldner-Koordinaten
z.B. NW 83.31</td><td>Höhenflurkarte in Bayern und Baden-Württemberg
Ausdehnung: 2,3 km · 2,3 km
(exakt 2335 m, ursprünglich 8000 bayrische Fuß)</td></tr>
<tr><td>DGK 5</td><td colspan="2">Rechts- & Hochwert der SW-Ecke + Name*</td><td>DGK = Deutsche Grundkarte: nur in alten Bundesländern außer Bayern und Baden-Württemberg
Ausdehnung: 40 cm · 40 cm (entspricht 2 km · 2 km)</td></tr>
<tr><td>TK 10</td><td>1 : 10.000</td><td colspan="2">Vierstellige Nummer der TK 25, in deren Bereich sie liegt + Quadrant, z.B. 4949-SW</td><td>nur in neuen Bundesländern
N-S-Ausstreckung: 3′ W-E-Ausstreckung: 5′</td></tr>
<tr><td>TK 25</td><td>1 : 25.000</td><td colspan="2">vierstellige Nummer (Zeile|Spalte) + Name*</td><td>4cm-Karte: 4 cm Kartenstrecke = 1 km Naturstrecke
N-S-Ausstreckung: 6′ W-E-Ausstreckung: 10′</td></tr>
<tr><td>TK 50</td><td>1 : 50.000</td><td>L (röm. für 50)</td><td rowspan="3">+ vierstellige Nummer der TK 25 in der SW-Ecke
+ Name*</td><td>2cm-Karte: 2 cm Kartenstrecke = 1 km Naturstrecke
enthält (2 mal 2) vier TK 25!
N-S-Ausstreckung: 12′ W-E-Ausstreckung: 20′</td></tr>
<tr><td>TK 100</td><td>1 : 100.000</td><td>C (röm. für 100)</td><td>1cm-Karte: 1 cm Kartenstrecke = 1 km Naturstrecke
enthält (4 mal 4) sechzehn TK 25!
N-S-Ausstreckung: 24′ W-E-Ausstreckung: 40′</td></tr>
<tr><td>TÜK 200</td><td>1 : 200.000</td><td>CC (röm. für 200)</td><td>enthält (8 mal 8) vierundsechzig TK 25!
N-S-Ausstreckung: 48′ W-E-Ausstreckung: 80′
TÜK = Topographische Übersichtskarte</td></tr>
<tr><td>ÜK 500</td><td>1 : 500.000</td><td colspan="2">Einzelblätter 170-C HH), 231-A (F), 231-D (S), 231-C (M), Großblätter: 1 Nordwest, 2 Nordost, 3 Südost, 4 Südwest</td><td>N-S-Ausstreckung: 2° = 120′ W-E-Ausstreckung: 2,5° = 150′
Großblätter: Anpassung an Ländergrenzen
ÜK = Übersichtskarte; wird nicht mehr zu den TK gezählt</td></tr>
</table>

**Name* meint immer den größten Ort (oder Entsprechendes) auf einer Karte

Die vierstellige Nummer, mit deren Hilfe eine Topographische Karte benannt wird (z.B. L 7520 Reutlingen), setzt sich aus zwei Zahlen zusammen. Sie gibt für jede TK 25 ihre Position innerhalb eines Rasters an, das sich über ganz Deutschland spannt. Die erste Zahl (im Beispiel: 75) nennt von Nord nach Süd die Zeile, in der das Blatt erscheint. Die zweite Zahl (im Beispiel: 20) nennt von West nach Ost die Spalte des Rasters. Diese Zählung gilt seit der

WDH

Eine TK 10 deckt einen von vier Quadranten der entsprechenden TK 25 ab.

WDH

Die Benennung einer TK 50, TK 100 oder TÜK 200 erfolgt nach der TK 25 in der SW-Ecke! Davor stehen die lateinischen Buchstaben

L für 50,

C für 100 und

CC für 200.

Eine TK 25 hat keinen zusätzlichen Buchstaben. In der Bezeichnung einer TK 10 steht vor der vierstelligen TK-25-Nummer deren Quadrant, den die TK 10 einnimmt (NW, NE, SE oder SW).

Zeit des Deutschen Reiches. Das Raster beginnt im Norden daher an der damaligen Grenze zu Dänemark. Der heute nördlichste Punkt Deutschland liegt folglich nicht in Zeile 01, sondern im Blatt L 0916 List/Sylt. Der südlichste Punkt liegt in Blatt L 8726 Einödsbach, der westlichste in L 4900 Waldfeucht, der östlichste in L 7348 Wegscheid (vgl. HAGEL 1998: 27).

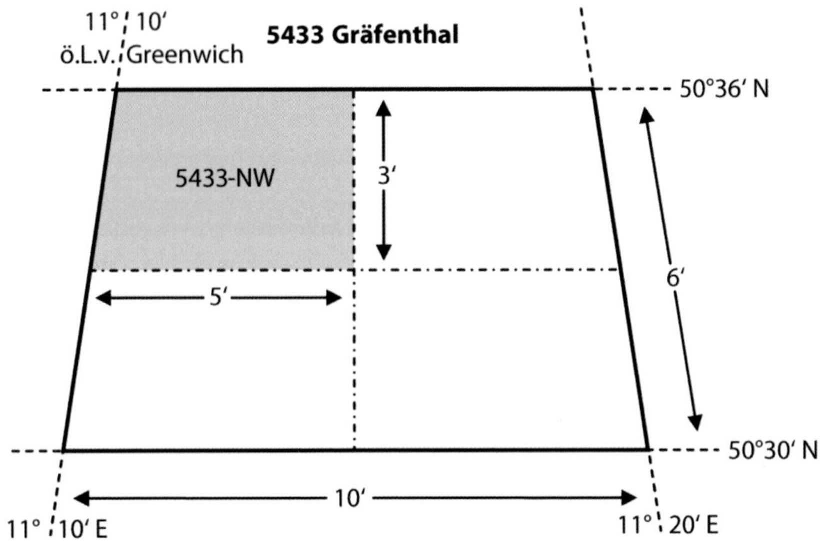

ABB 4.1_Die Topographischen Karten der BRD – TK 10 (neue Bundesländer), TK 25

Ein weiteres Beispiel zu den amtlichen Kartenwerken (TK 25 bis TÜK 200) der BRD gibt neben ABB 4.3 auch KOHLSTOCK (2004: 147).

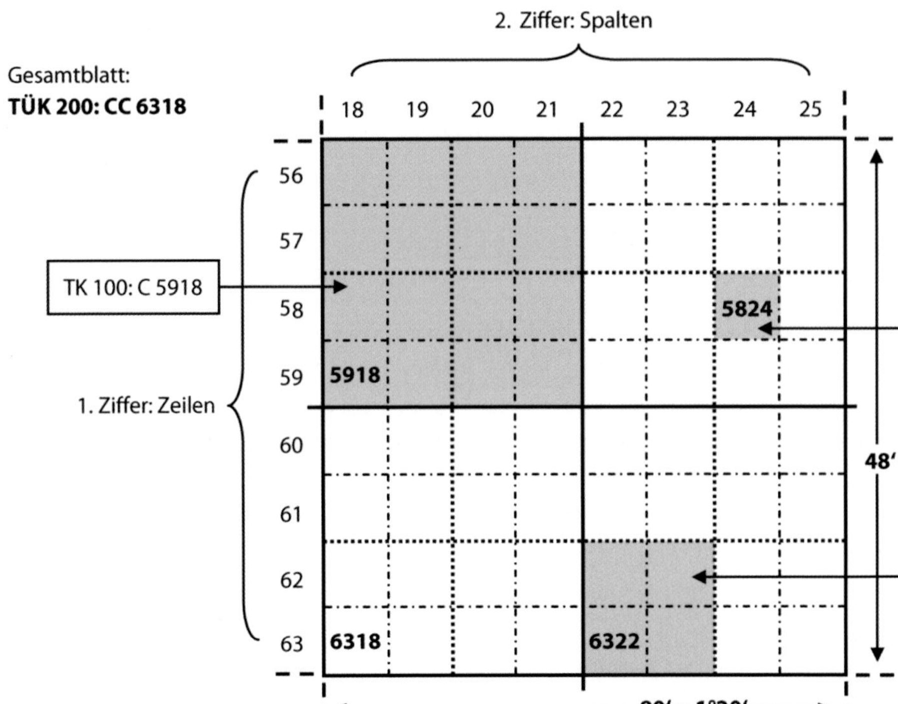

ABB 4.2_Die Topographischen Karten der BRD – TK 25 bis (TÜK) 200

Die schematischen Skizzen (ABB 4.1 und ABB 4.2) verdeutlichen, wie die TK 10 und 25 sowie die TK 25 bis TÜK 200 zusammenhängen.

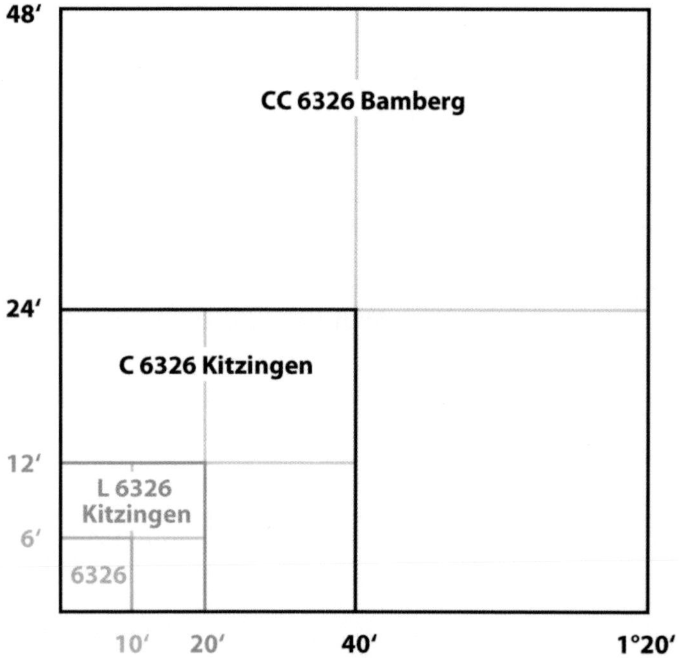

ANM

6326 Ochsenfurt: TK 25

L 6326 Kitzingen: TK 50

C 6326 Kitzingen: TK 100

CC 6326 Bamberg: TÜK 200

Es reicht, sich die Ausdehnungen einer TK 25 zu merken, nämlich

10' (Min. !!) Ost-West und
6' (Min. !!) Nord-Süd,

denn ausgehend davon lässt sich der Blattschnitt jeder TK ermitteln:

TK 50: mal 2,
TK 100: mal 4,
TK 200: mal 8.

ABB 4.3_Blattform, Einteilung und Beispiel zur Blattbenennung der amtlichen deutschen Kartenwerke TK25 bis TÜK 200

Weil jede TK 50, 100 oder 200 ein Mehrfaches einer TK 25 umfasst, können ihre Nord-Süd- bzw. West-Ost-Ausstreckungen entsprechend leicht als Vielfache der Ausstreckung einer TK 25 hergeleitet werden. Es reicht also, sich zwei Werte zu merken: 10' (sprich: zehn Minuten) West-Ost-Ausstreckung und 6' (sprich: sechs Minuten) Nord-Süd-Ausstreckung bei jeder TK 25. Diese müssen für eine TK 50 verdoppelt, für eine TK 100 mit 4, für eine TK 200 mit 8 multipliziert werden!

Ein Beispiel: Gegeben sei der unten abgebildete Kartenausschnitt (ABB 4.4).

Der Kartenrahmen lässt den Rückschluss zu, dass es sich um den linken, oberen Ausschnitt (NW-Ecke) einer TK 25 handeln muss.

Auf Topographischen Karten beträgt der Abstand zwischen zwei Gauß-Krüger-Koordinaten (siehe KAP 4.4.2) immer 4cm – in unserem Beispiel der Abstand zwischen den Werten (33)98 und (33)99, angegeben in Kilometern. 4cm entsprechen in diesem Fall also einem Kilometer; umgerechnet entspricht 1cm Kartenstrecke dann 250m Naturstrecke. Der Maßstab ist folglich 1 : 25.000 (TK 25 = 4cm-Karte). Damit ist gleichzeitig die Ausdehnung dieser Karte bekannt:

- 10' West-Ost-Ausdehnung und
- 6' Nord-Süd-Ausdehnung.

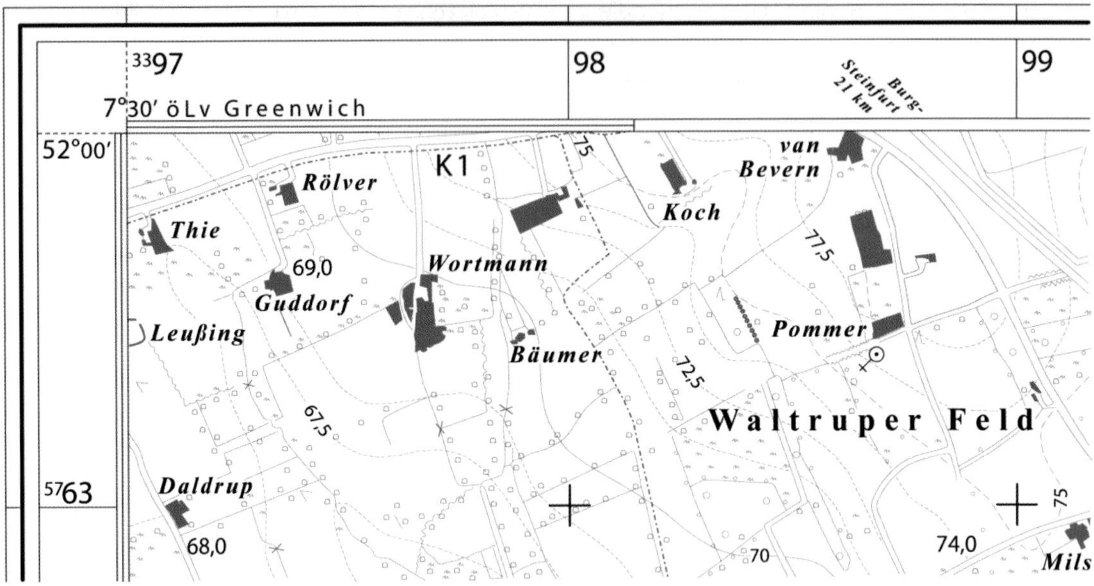

ABB 4.4_NW-Ecke eines Kartenrahmens mit geodätischen u. geographischen Koordinatenangaben (Musterblatt TK 25)
erstellt und verändert in Anlehnung an KOHLSTOCK (2004: 105) und mit freundlicher Genehmigung durch das Landesvermessungsamt Nordrhein-Westfalen

Die linke obere Kartenecke (Quadrant NW) liegt bei 7°30' (sprich: 7 Grad 10 Minuten) östlicher Länge von Greenwich und 52° nördlicher geographischer Breite. Mit diesen Informationen lassen sich auch die Ecken der drei anderen Quadranten ermitteln:

TAB 4.2_Beispiel: Von einer Kartenecke auf alle schließen!

	Geographische Länge		Geographische Breite	
NW	*gegeben*	**7°30'**	*gegeben*	**52°00'**
NE	7°30' + 10' =	7°40'	*s.o.*	52°00'
SW	*s.o.*	7°30'	52°00' – 6' =	51°54'
SE	7°30' + 10' =	7°40'	52°00' – 6' =	51°54'

Beispiel Ende.

4.2 Internationales Kartenwerk

IWK = **I**nternationale **W**elt**k**arte

Die mit IWK abgekürzte Internationale Weltkarte bildet die Erdkugel im Maßstab 1 : 1.000.000 ab. Die IWK zu erstellen, wurde schon 1891 von Albrecht Penck angeregt. Abbildungsgrundlage ist seit 1962 eine winkeltreue Kegelprojektion (Lamberts) des Internationalen Erdellipsoiden. Die einzelnen Kartenblätter bilden 6° Länge und 4° Breite ab (Gradabteilungskarten). Jedes Blatt wird mittels zweier Buchstaben, einer Zahl und einem Namen benannt, z.B. NM 32 München.

Der erste Buchstabe (N oder S) bezeichnet die Lage des Blattes auf der Nord- oder Südhalbkugel. Der zweite Buchstabe gibt die Entfernung des Blattes vom Äquator an: Die erste Kartenreihe, deren südliche bzw. nördliche Blattgrenze der Äquator selbst ist, trägt den zweiten Buchstaben A, die zweite Kartenreihe wird mit NB bzw. SB, die dritte mit NC bzw. SC und so weiter mit entsprechend fortlaufendem Alphabet bezeichnet. Jeder Buchstabe ist für eine bestimmte Breitenkreiszone von jeweils 4° reserviert. Die sich anschließende Zahl nummeriert die 60 Längenabschnitte durch, die jeweils 6° „breit" sind und – bei 180°E/W beginnend – ostwärts durchgezählt werden. Die ersten 30 decken die westliche Hemisphäre ab, die verbliebenen Nummern 31 bis 60 die östliche. Die begrenzenden Meridiane lauten also

- für Blätter mit der Nummer 31:
    - ❖ 0° (Nullmeridian) im Westen,
    - ❖ 6°E im Osten;
- für Blätter mit der Nummer 32:
    - ❖ 6°E-Meridian im Westen,
    - ❖ 12°E im Osten.

HINTERGRUND

Das Weltkartenprojekt wird nach dem 2. WK der UN übertragen, die bis 1987 mit sinkendem Interesse daran arbeitet – bis das unabgeschlossene Projekt gänzlich eingestellt wird. Auch die 800 erstellten Kartenblätter sind nicht durchgängig derart standardisiert, wie dies 1913 beschlossen worden ist. Das „Unternehmen IWK" muss scheitern, weil das Bemühen um Standards mit nationalstaatlichen Interessen kollidiert – ein bezeichnendes Phänomen für die Kartenproduktion der Neuzeit (vgl. SCHNEIDER 2006: 73).

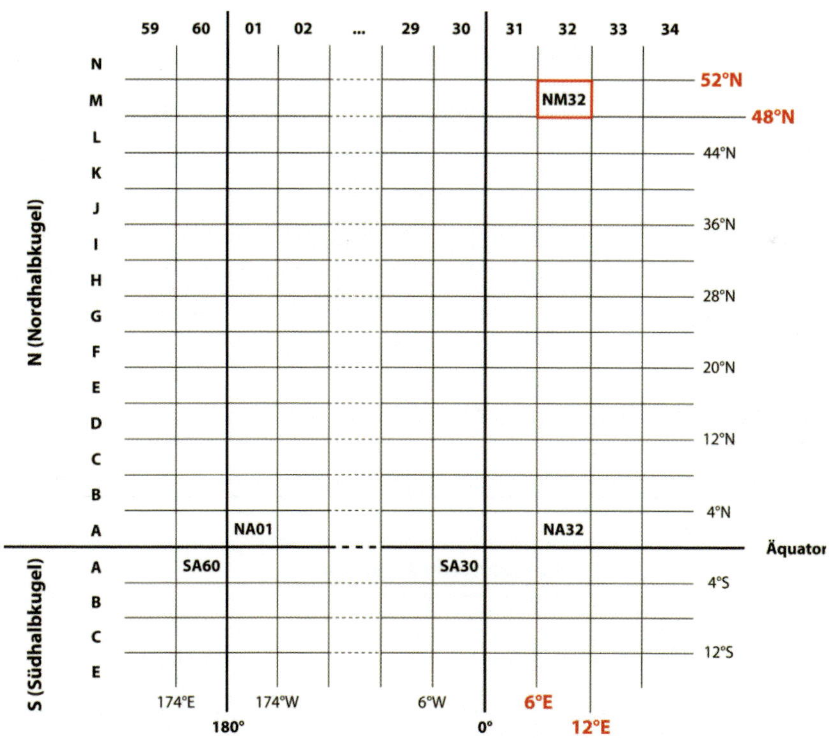

ABB 4.5_Benennung der IWK-Kartenblätter (am Beispiel NM 32 München)

Das Voranstehende bedeutet für unser Beispiel NM 32 München Folgendes:

- N: Das Kartenblatt befindet sich auf der Nordhalbkugel;

- M: Der Buchstabe M befindet sich im Alphabet an Position 13. Das Kartenblatt befindet sich folglich in der 13. Breitenkreiszone (je 4°) vom Äquator entfernt. Die südliche Begrenzung ist also [(13–1)·4° =] 48°N, die nördliche [13·4° =] 52°N;
- 32: Das Kartenblatt NM 32 München liegt auf dem 32. Längenabschnitt (mit 6° Längendifferenz) von der Datumsgrenze entfernt, der 2. östlich des Nullmeridians. Die westliche Begrenzung ist also [180°W–31·6° oder 0°E+1·6° =] 6°E, die östliche [180°W–32·6° oder 0°E+2·6° =] 12°E;
- München ist die größte Stadt auf diesem Kartenblatt.

Wie lauten die konkreten Abgrenzungslinien des Kartenblatts NM 32 München? – Diese Frage sollte nun ohne Weiteres zu beantworten sein ABB 4.5 fasst zusammen und kann helfen, den Lösungsweg nachzuvollziehen!

Die Abbildung übergeht die konvergierenden Meridiane, die Längenkreise werden parallel dargestellt! Gerade in Polnähe bietet es sich wegen kleiner werdender Flächengrößen besonders an, mehrere Kartenblätter auf einer Karte abzudrucken. Genau das wurde bei der IWK gemacht. Manchmal umfasst ein Blatt zum Beispiel zur Darstellung eines Landes(teils) im Ganzen auch mehr als einen Blattschnitt, z.B. NN 31/32 Hamburg.

Damit sind einige wichtige Kartenwerke behandelt. Die nachstehenden Kapitel widmen sich den Fragen, wie die einzelnen Kartenblätter aufgebaut sind (KAP 4.3), wie die Objekte der Erdoberfläche dargestellt (KAP 4.4) und wie sie überhaupt präzise verortet werden können (s. *Exkurs: Georeferenzierung*). Die – wieder maßstabsabhängigen – Themen Reliefdarstellung (KAP 4.5) und Generalisierung (KAP 4.6) beschließen die Ausführungen zu den Topographischen Karten. Dann erst ist alles besprochen für eine prägnante und nachvollziehbare „Definition: Karte" (KAP 4.7).

4.3 Bestandteile einer Karte

Eine Karte hat äußerliche (formale) und inhaltliche Bestandteile:

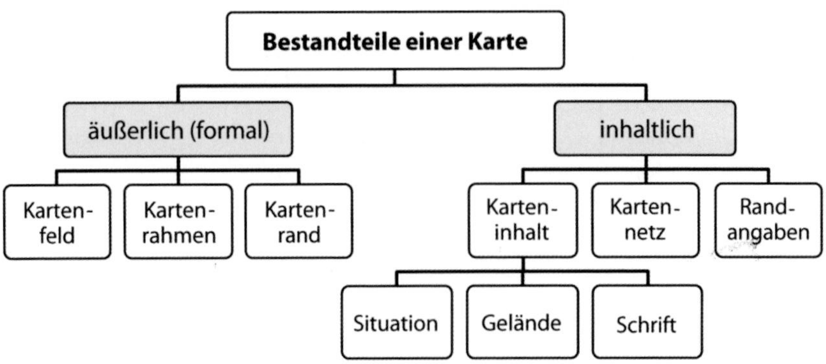

ABB 4.6_Formale und inhaltliche Bestandteile einer Karte

Eine gelungene Schemazeichnung zum besseren Verständnis und leichteren Einordnen der obigen Begrifflichkeiten findet sich bei HAKE et al. (2002: 142).

Das **Kartenfeld** enthält den *Karteninhalt* und das *Kartennetz*. Letzteres ist

- mittels durchgezogener Linien kartenbelastend (!) ganz enthalten
- oder bei sich kreuzenden Linien mittels kleiner Markierungen angedeutet (geringe Belastung des Kartenfeldes)
- oder nur dem Kartenrahmen zu entnehmen.

Der *Kartenrahmen* macht eine genaue Verortung 1. des Kartenblatts und 2. eines beliebigen Punktes auf der Karte in einem geodätischen Koordinatensystem (s.u. *Exkurs Teil 2: Geodätische Koordinaten*) möglich. Der *Kartenrand* hält mit den sog. *Randangaben* wichtige Erläuterungen und Daten zur sicheren Kartennutzung bereit. Die Randangaben geben auch Aufschluss über die Bedeutung unterschiedlicher *Schrift*arten bzw. über den gesamten *Karteninhalt*. Zu Letzterem gehören neben der Schrift noch *Situation* und *Gelände*. Was die beiden Begriffe bedeuten und mit welchen kartographischen Mitteln sie auf die Karte gebracht werden können, klären die folgenden Kapitel 4.4 und 4.5.

4.4 Situationsdarstellung auf Karten

Situation meint alle Objekte außer Relief. Die *Situationsdarstellung auf Topographischen Karten* umfasst die Darstellung von Siedlungen, Verkehrswegen, Gewässernetz, Bodenbedeckung, topographischen Einzelzeichen und Grenzen.

DEF_Situation bzw. Situationsdarstellung auf Topographischen Karten

Um Objekte in der Karte lagerichtig darstellen zu können, muss man sie auf der Erdoberfläche eindeutig lokalisieren. Deshalb ein...

Wichtiger Exkurs: Georeferenzierung

Um einen Punkt eindeutig festlegen zu können, müssen bekannt sein:

- Exkurs Teil 1 – das **Bezugssystem**, auf das sich die Karte gründet (z.B. Besselscher Rotationsellipsoid, GRS80, WGS84),
- Exkurs Teil 2 – das **Koordinatensystem**, in dem der Punkt festgelegt wurde (z.B. Gauß-Krüger, Soldner, UTM) und
- Exkurs Teil 3 – die **Koordinaten des Punktes**.

In dieser Reihenfolge also werden im Folgenden die bedeutendsten Bezugs- und Koordinatensysteme sowie wichtige Möglichkeiten geodätischer Messungen vorgestellt (vgl. KOHLSTOCK 2004: 35).

DEF_Bezugssystem

„Grundlegendes Bestimmungssystem zur Festlegung der ein-, zwei- oder dreidimensionalen Position von Punkten. Ein Bezugssystem besteht aus einem Koordinatensystem und einem Festpunktfeld und definiert damit das einer Landesvermessung zugrunde gelegte Koordinatensystem in Lage und/ oder Höhe"

(www.geoinformatik.uni-rostock.de).

Exkurs Teil 1: Bezugssysteme

DEF_Datum

„Ein Satz von Parametern und Punkten, der verwendet wird, um die dreidimensionale Form der Erde exakt zu definieren. Definiert ein geodätisches Bezugssystem"

(www.geoinformatik.uni-rostock.de).

Ein **Bezugssystem** bzw. ein **geodätisches Datum** umfasst ein Ellipsoid von regional unterschiedlicher Größe und Lage inklusive eines sogenannten Fundamentalpunktes (zentraler Vermessungspunkt eines Landes). Referenzellipsoide werden benötigt, um eine lokal bestangepasste Rechenfläche zu erhalten. Dass so viele Koordinaten- und Referenzsysteme existieren, liegt in der historischen Entwicklung begründet: Die ersten modernen Landesvermessungen bezogen sich auf Systeme, die eine hinreichend präzise Projektion nur für sehr kleine Ausschnitte der Erdoberfläche erlaubten. Folglich entstanden viele verschiedene Bezugssysteme (vgl. KORTH 2001: 22). Deutschland vollzieht derzeit einen Datumswechsel vom *Potsdam Datum* (PD) auf das *Europäische Terrestrische Referenzsystem 1989* (ETRS89). Dieser Wechsel hat zum Ziel, auf europäischer und internationaler Ebene über eine einheitliche und moderne Rechenfläche zu verfügen, und umfasst dreierlei:

ANM_ETRS89/WGS84

Das ETRS89 ist ein Ausschnitt des *World Geodetic System* von *1984* (WGS84). Der Begriff WGS84 umfasst dabei sowohl das geodätische Datum als auch das Ellipsoid!

- Das in Deutschland verwendete Ellipsoid von *Bessel* (1841) wird heute durch das des *Geodetic Reference System* von *1980* (GRS80) ersetzt,
- die Umstellung von Gauß-Krüger-Koordinaten auf UTM-Koordinaten
- und die Umstellung des Höhenniveaus von Normal-Null (NN) auf Normalhöhen-Null (NHN), was letztlich nur formale Auswirkungen hat, weil sich beide auf den Amsterdamer Pegel beziehen.

Unter Spiegelstrich zwei sind wichtige geodätische Koordinatensysteme genannt. Ihre Bedeutung und Unterschiede sollen im nachfolgenden zweiten Exkurs beleuchtet werden.

Exkurs Teil 2: Geodätische Koordinaten

ANM

ABB 4.19 zeigt die Entstehung der UTM-Meridianstreifen mittels Schnittzylinder im Speziellen. Die dazugehörigen Erläuterungen liefert aber schon ABB 4.7!

Weil Berechnungen im geographischen Koordinatensystem ($\varphi|\lambda$) auf der Kugel oder dem Ellipsoid sehr aufwendig sind, wurden bereits im 18. Jahrhundert für Zwecke der Landesaufnahme (lokale) Koordinatensysteme entwickelt, welche bei der Abbildung in die Ebene kartesische Netze ($x|y$) ergeben. Dieser Schritt ermöglicht nach Korrektur der Messdaten die Koordinatenberechnung über die ebene Trigonometrie. ABB 4.7 soll einführend die Funktionsweise eines Meridianstreifen-Systems erklären, das als solches Verebnungsverfahren verwendet wird. Die angefügten Erläuterungen verweisen bereits auf die nachfolgenden Unterkapitel, die zum besseren Verständnis auch vorgezogen werden können.

I. Transversale Zylinderabbildung – hier: Berührungszylinder (Soldner, Gauß-Krüger)

Topographische Karten basieren auf geodätischen Gittern, um die dreidimensionale Erdoberfläche in die Ebene abbilden zu können. Dazu wird zunächst ein Zylindermantel in transversaler Lage um ein Erdellipsoid gelegt – bei Gauß-Krüger ein Berührungs-, bei UTM ein Schnittzylinder.

Aus dieser transversalen Zylinderabbildung wird ein im Norden und Süden konvergierender Meridianstreifen ‚herausgeschält' und in die Ebene gebracht – mit einer Breite von 2° (±1° bei Soldner), 3° (±1,5° bei Gauß-Krüger) oder 6° (±3° bei UTM).

Der mittig liegende Haupt-/Mittelmeridian ist bei Soldner und Gauß-Krüger der längentreue Berührungsmeridian, bei UTM wegen der Schnitt-Projektion um den Faktor 0,9996 verkürzt. Er dient als x-Achse des geodätischen Gitters. Die hierzu senkrecht stehende y-Achse ist im Fall von UTM der Äquator, bei den für großmaßstäbige Karten gedachten Systemen nach Soldner und Gauß-Krüger ein beliebiger, im rechten Winkel abgehender Großkreis.

Durch Drehung des Zylindermantels um die Erdachse und fortlaufendes ‚Herausschälen' solcher Meridianstreifen kann die gesamte Erdoberfläche mittels Meridianstreifensystem in die Ebene gebracht werden.

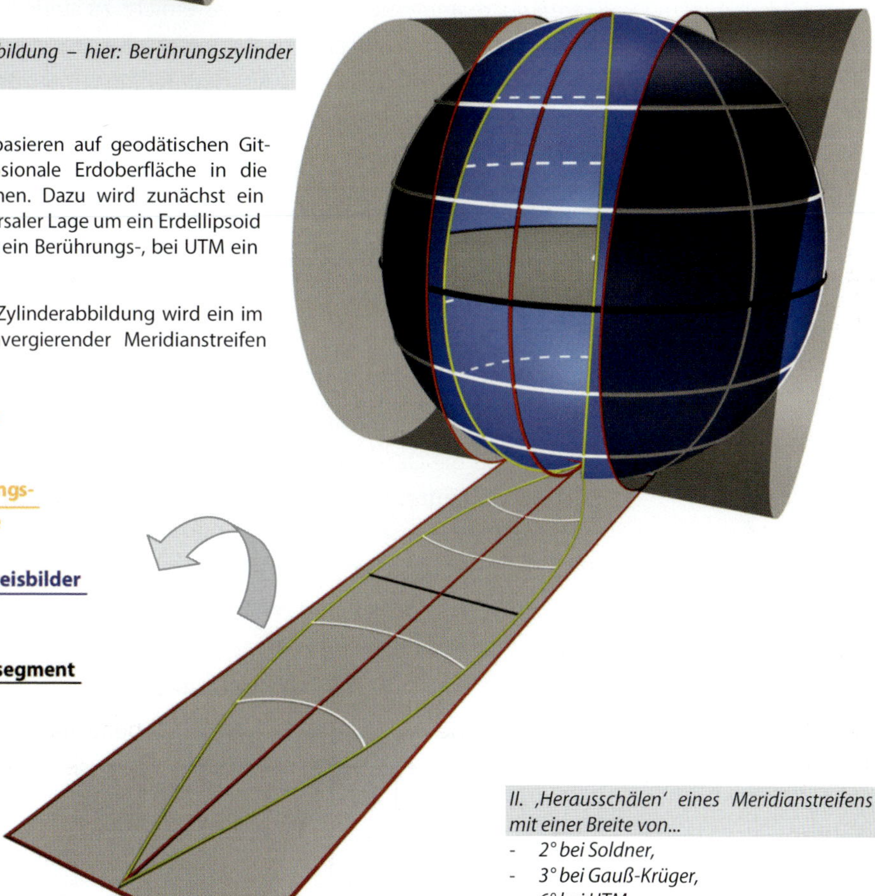

II. ‚Herausschälen' eines Meridianstreifens mit einer Breite von...
- *2° bei Soldner,*
- *3° bei Gauß-Krüger,*
- *6° bei UTM.*

Achtung: Soldner und Gauß-Krüger basieren auf Berührungszylinder (wie dargestellt), UTM auf Schnittzylinder (vgl. ABB 4.19)!

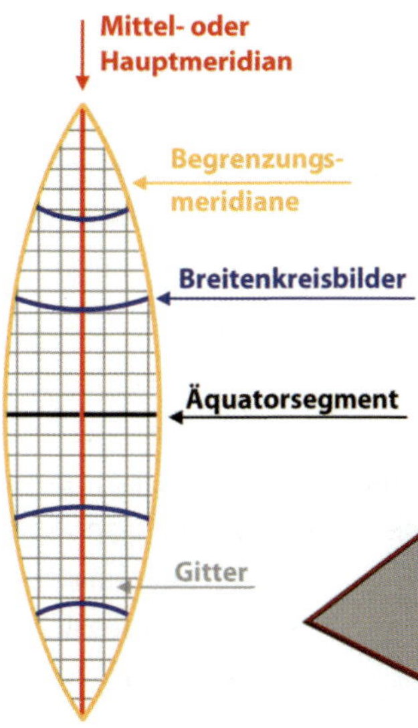

III. Meridianstreifen: Gradnetz (Begrenzungsmeridiane) vs. Gitternetz

3D Anaglyphe Anhang

ABB 4.7_Prinzip des Meridiansreifensystems

4.4.1 Soldner-Koordinaten

!!!

Bei geodätischen Koordinatensystemen sind die Achsen vertauscht:

Die x-Achse verläuft entlang des Hauptmeridians, also in Süd-Nord-Richtung von unten nach oben. Die y-Achse liegt senkrecht dazu – von West nach Ost.!

Die meisten heute noch gebräuchlichen Koordinatensysteme weisen einen in der Mitte des abzubildenden Gebietes befindlichen Meridian als sogenannten **Haupt**- oder **Mittelmeridian** auf, der die Abszissenachse (x-Achse) eines symmetrisch hierzu angeordneten kartesischen (x|y) Koordinatensystems bildet. Die Ordinatenlinien (Linien in Richtung der y-Achse) verlaufen als Teile von Großkreisbögen senkrecht zum Hauptmeridian. Mit zunehmendem Abstand von diesem konvergieren sie. Auf einem Ellipsoid werden diese zusammenlaufenden Ordinatenlinien als *geodätische Linien* bezeichnet. Sie sind innerhalb eines Meridianstreifens quasi parallel und sind auf TKs somit als waagerechte Gitterlinien eingetragen bzw. durch entsprechende Gitterkreuze angedeutet, um die Karte nicht zu stark zu belasten. Die Abbildung dieses Systems in die Ebene gleicht einer transversalen Zylinderprojektion, weil die Ordinaten- und Abszissenlinien „unter bestimmten Vorgaben auf den Zylindermantel und dieser dann in die Ebene abgebildet" (KOHLSTOCK 2004: 35) werden.

Das System nach J.G. Soldner (1776-1833) war gleichermaßen aufgebaut:

- Koordinatenursprung: ein in der Gebietsmitte gelegener Festpunkt;
- x-Achse: durch Koordinatenursprung verlaufende Hauptmeridian;
- y-Achse: rechtwinklig zur x-Achse in West-Ost-Richtung verlaufende/r Großkreisbogen/geodätische Linie.

„Bei der Abbildung in die Ebene wurde der Hauptmeridian als längentreue Gerade und die Ordinaten als senkrecht hierzu verlaufende, gleichabständige und längentreue Geraden wiedergegeben, mit der Folge einer zunehmenden Dehnung der Abszissen. Die Abbildung war damit weder flächen- noch winkeltreu [...]" (KOHLSTOCK 2004: 35-36). Die Systembreite war auf 2° beschränkt, je 1° östlich und westlich des Hauptmeridians.

Ursprung des Koordinatensystems: Die Frauenkirche (FK) in München!

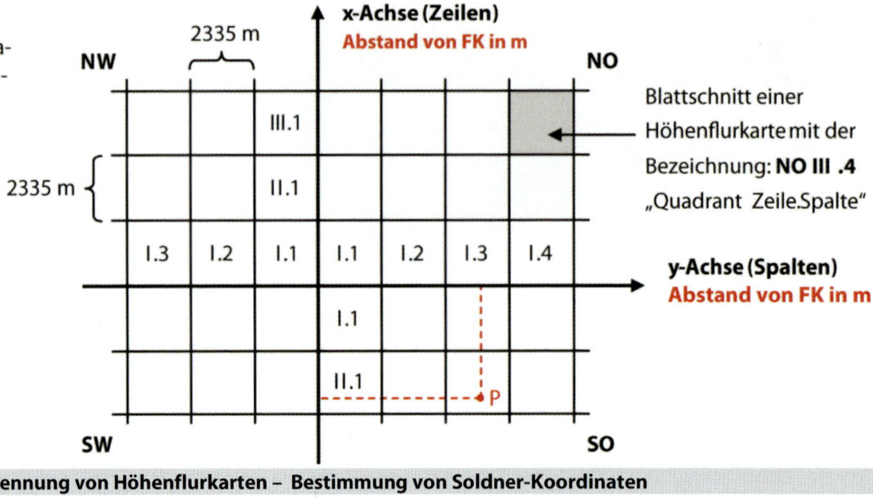

ABB 4.8_Prinzip der Benennung von Höhenflurkarten – Bestimmung von Soldner-Koordinaten

Ein Beispiel: Die **bayrische Höhenflurkarte** ist ein Kartenwerk, das auf Soldner-Koordinaten basiert – mit der Frauenkirche von München als Koordinatenursprung. Im Abstand von 2335 m (ehemals 8000 bayrische Fuß) grenzen Abszissen- und Ordinatenlinien die einzelnen Kartenblätter ab. Eine Höhenflurkarte ist damit keine (!) Gradabteilungskarte. ABB 4.8 fasst zusammen und erklärt die Benennung der einzelnen Höhenflurkarten.

4.4.2 Gauß-Krüger-Koordinaten

4.4.2.1 Das Koordinatensystem nach Gauß

C.F. Gauß entwickelte noch in der ersten Hälfte des 19. Jahrhunderts eine winkeltreue Abbildung, indem er die Abstände der Abszissenlinien (senkrechte Gitterlinien) auf der Bezugsfläche entsprechend der Ordinatenkonvergenz abnehmen ließ. Bei der Abbildung in die Ebene werden die Ordinaten- *und* Abszissenlinien so gedehnt, dass ein kartesisches Koordinatensystem entsteht (ABB 4.9). Als x-Achse dient noch immer ein Hauptmeridian. Die Ordinatenachse (y-Achse) allerdings bildet der Äquator. Koordinatenursprung ist der Schnittpunkt zwischen beiden, nicht mehr ein beliebiger Lagefestpunkt wie die Münchner Frauenkirche im System der Höhenflurkarte.

HINTERGRUND

Bedeutend war die Gaußsche Neuerung deshalb, weil sie Winkeltreue brachte und damit die damalige Methode der Festpunktbestimmung durch Winkelmessungen (Triangulation) vereinfachte. Soldner-Koordinaten (keine Winkeltreue!) waren wegen der aufwendigen Korrekturberechnungen von großem Nachteil.

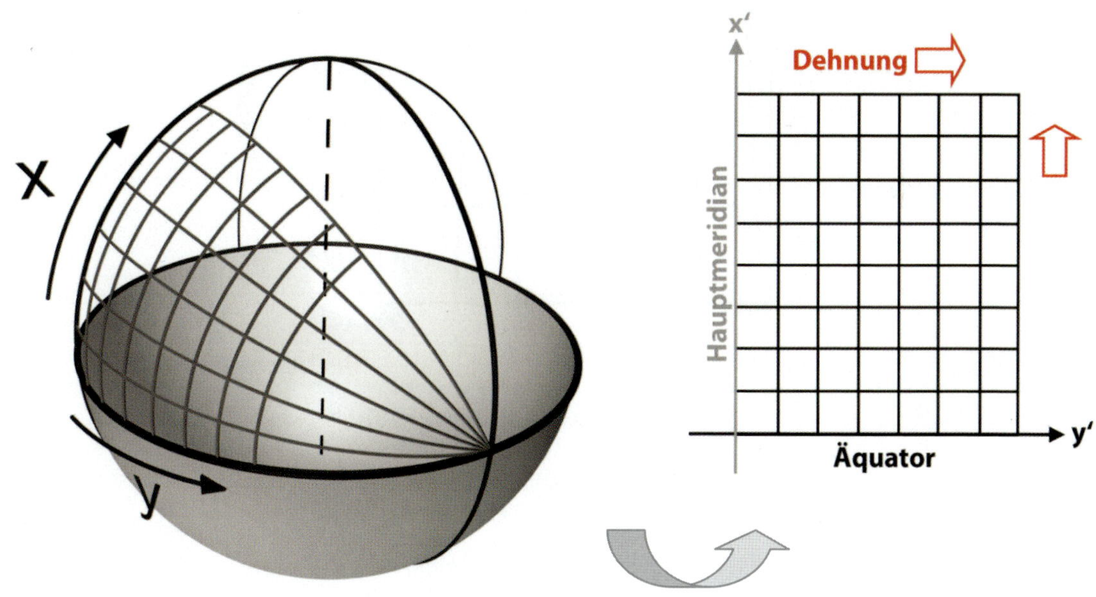

ABB 4.9_Prinzip des Gaußschen Koordinatensystems

4.4.2.2 Das Meridianstreifensystem nach Gauß & Krüger

1912 machte der Leiter des Geodätischen Instituts in Potsdam L. Krüger den Vorschlag, auf Basis des Besselschen Referenzellipsoiden und der konformen

ANM

Die Breite eines G-K-Meridianstreifens in einer beliebigen geographischen Breite ist leicht über die Abweitung zu berechnen, z.B in 51°N:

111,1..km · cos(51°) · 3

Abweitung (gilt für 1° Breite) — Breite des 3.. Meridian-Streifens = 3°

≈ 210 km

Gaußschen Koordinaten das später so benannte **Gauß-Krüger-Meridianstreifensystem** für die Aufgaben der Landesvermessung in Deutschland einzuführen – mit dem Ziel, langfristig die zahlreichen Soldner-Systeme abzulösen. Das Gauß-Krüger-System verwendet für Deutschland nämlich nur vier Meridianstreifen mit je 3° Ausdehnung: 1,5° östlich und westlich der Hauptmeridiane 6°, 9°, 12° und 15°. Damit beträgt die Meridianstreifenbreite in 51° nördlicher Breite etwa 210 km, je 105 km östlich und westlich des Hauptmeridians – die Rechnung ist in der Randspalte aufgeführt.

Die Meridianstreifen sind mit den Ziffern 2 bis 5 durchnummeriert. Diese Kennziffern werden der y-Koordinate eines Punktes vorangestellt, die den Abstand vom Hauptmeridian in Metern oder Kilometern angibt. Der Hauptmeridian erhält den Wert y = 500.000 m, um westlich der x-Achse negative Koordinatenwerte zu vermeiden. Die Koordinaten werden dann als **Rechts- und Hochwert** bezeichnet (ABB 4.10).

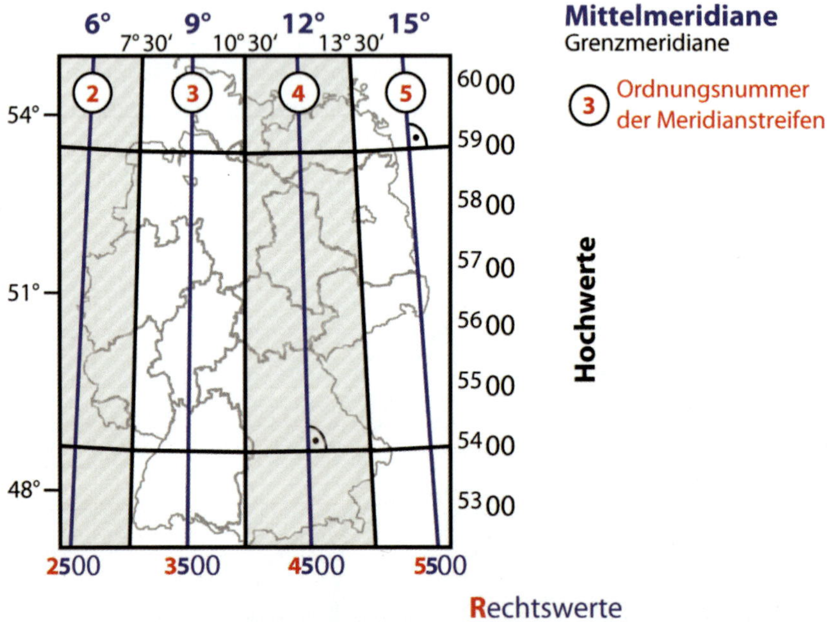

ABB 4.10_Gauß-Krüger-Meridianstreifensyste in Deutschland

ANM_TP

= Trigonometrischer Punkt

Erläuterung siehe unten in *Exkurs Teil 3: Geodätische Messungen.*

„Damit lauten z.B. die Gauß-Krüger-Koordinaten eines etwa 95 km westlich des 12°-Meridians gelegenen Festpunktes (TP):

R = 4 405 057,629 m — 4 ... Kennziffer für 12°-System
y = 405.057,629 m – 500.000m = - 94.942,371 m

H = 5 368 263,248 m = — x ... Abstand des Punktes vom Äquator (gemessen auf dem Hauptmeridian)“ (KOHLSTOCK 2004: 38).

Die ersten 3 Abbildungen sind schematische Darstellungen des als 4. Bild verwendeten Musterrahmen-Ausschnitts (zur Quelle vgl. ABB 4.4).

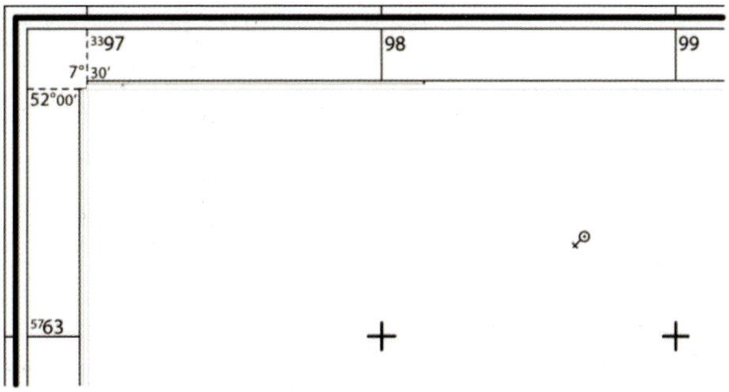

Schritt 1: **Objekt**, dessen Koordinaten bestimmt werden sollen, in der Karte **ausfindig machen**.

Schritt 2: Notwendige und hilfreiche **Gitterlinien einzeichnen**, indem man die Gitterkreuzpunkte miteinander und/oder zu den 4cm-abständigen Gauß-Krüger-Koordinaten im Kartenrahmen verbindet.

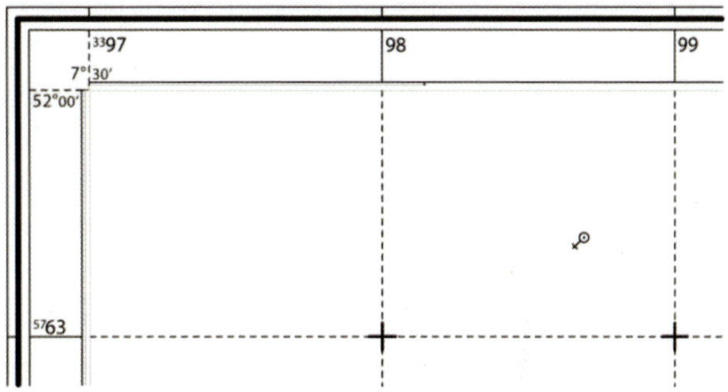

Schritt 3: **Planzeiger anlegen** – die waagerechte Teilung liegt an der unteren Gitterlinie an und die senkrechte Teilung berührt den zu bestimmenden Kartenpunkt.

Schritt 4: **G-K-Koordinaten ablesen...**

R: **3 398 685**
H: **5763 330**

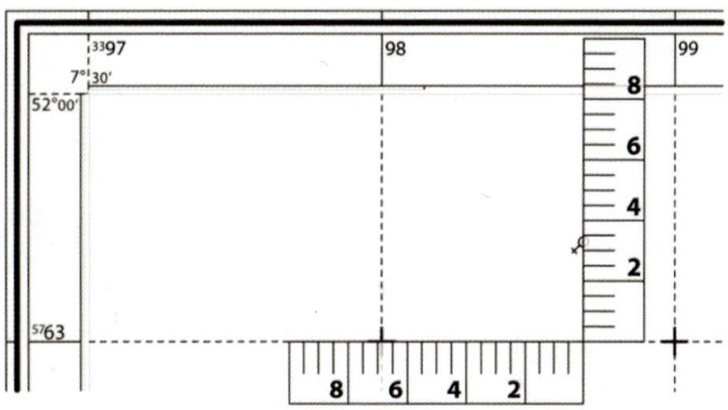

Schritt 5: **Koordinaten deuten!**

Die Kirche liegt

500.000 m
– 398.685 m
= 101,315 km

westlich des 3. Hauptmeridians (9°E) und 5763,330 km nördlich des Äquators.

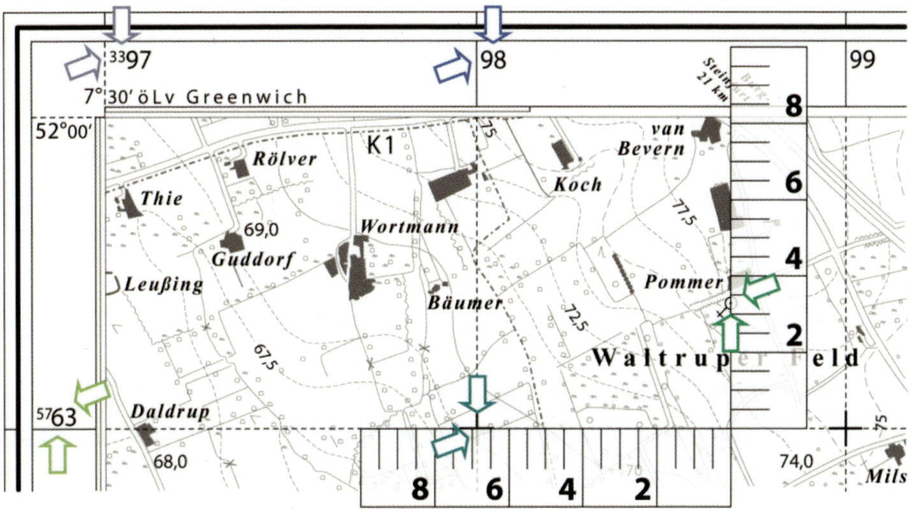

ABB 4.11_Ermittlung von Gauß-Krüger-Koordinaten eines Lagepunktes mit Hilfe des Planzeigers (TK 25)

ABB 4.12_Muster eines Planzeigers für Topographische Karten

Für den Maßstab 1:25.000 (TK 25) sind die beiden lineal-ähnlichen Teilungen je 4 cm lang und zeigen (in 50m-Schritten) 1 km Naturstrecke. Die einstelligen Nummern sind Marken für die 200m-, 400-m, 600m-, 800m-Distanz zum ‚Ursprung' in der rechten unteren Ecke. Mit Hilfe von Planzeigern lassen sich auf Karten die Gauß-Krüger-Koordinaten eines Objektes oder Lagepunktes relativ genau bestimmen.

Mit Hilfe eines sogenannten **Planzeigers** können die Rechts- und Hochwerte besonders einfach aus einer Karte mit Gauß-Krüger-Koordinaten im Kartenrahmen herausgelesen werden. Für jeden Maßstab muss ein anderer Planzeiger verwendet werden. Sollen beispielsweise Rechts- und Hochwert einer Kirche bestimmt werden, müssen die mit kleinen Kreuzen angedeuteten Gitterlinien auf der Karte verbunden werden – von den vier Gitterlinien, die die Kirche umgeben, zumindest die untere. Der passende Planzeiger wird nun so auf der Karte ausgerichtet, dass seine waagerechte (einem Lineal nicht unähnliche) Teilung an der unteren Gitterlinie anliegt und die senkrechte Teilung die Mitte der Kirche berührt. Dann ist an der waagerechten Teilung bei der nächsten linken senkrechten Gitterlinie (sofern nicht eingezeichnet: beim nächsten linken Gitterkreuz) der Rechtswert und an der senkrechten Teilung der Hochwert abzulesen (ABB 4.11). Die am Planzeiger abgelesenen Werte sind die Kommastellen zu den Kilometerangaben im Kartenrahmen und müssen zu diesen aufsummiert werden

4.4.2.3 Die Nordrichtungen und ihre Winkel

Norden ist Norden, sollte man meinen. Auf der Karte ist Norden oben, auf dem Globus ist Norden oben und auch sonst ist alles ganz nordisch im Hohen Norden. Vergessen wir nicht die Kompassnadel, die gar nicht anders kann als den Feldlinien entlang hinauf.

Gute Erläuterungen zu den verschiedenen Winkeln zwischen GeN, GiN und MgN hält auch die Homepage des Landesvermessungsamtes NRW bereit:

www.lverma.nrw.de/produkte/topographische_karten/ allgemein /nadelabweichung/Nadelabweichung.htm

>> inklusive Links zu Tabellen des Geoinformationsdienstes der Bundeswehr für die TK 50 und TK 100.

Tatsächlich aber meinen die Nordrichtungen von Karte, Globus und Magnetnadel drei völlig verschiedene!

Der Nordpol ist definiert über die geographischen Koordinaten mit $\varphi = 90°$, was zurückgeht auf den Schnittpunkt der irdischen Rotationsachse mit der Erdoberfläche. Jeder Meridian mündet mit allen anderen in diesen Punkt ein (sie konvergieren) und weist in seinem gesamten Verlauf nach **Geographisch Nord (GeN)**. Weil TKs Gradabteilungskarten sind, werden sie in ihrer West-Ost-Ausdehnung von Meridian-Abschnitten begrenzt; diese bilden die inneren, senkrechten Linien des Kartenrahmens (ABB 4.13 und ABB **4.15**). Meridiane wiederum weisen nach GeN, sie konvergieren zum Nordpol hin. Ist die Karte eingenordet (s.u.), zeigen die senkrechten Linien des Kartenrahmens also nach GeN, zum Nordpol! Zum besseren Verständnis vgl. auch ABB 4.18.

MERKE_Meridiankonvergenz

Vom Wortsinn her gibt die Meridiankonvergenz an, in welchem Winkel die Gitterlinien (GiN) mit den *Meridianen* (GeN) *konvergieren*!

Dass auf einer Karte Norden immer oben ist, stimmt auch nur bedingt. Die Gitterlinien auf einer Karte zeichnen das Koordinatensystem eines Gauß-Krüger-Meridianstreifens nach (oder des UTM-Systems, das wir gleich kennenlernen) – die senkrechten Gitterlinien sind Parallelen zum Hauptmeridian dieses Streifens und weisen in ihrem Verlauf nach **Gitter-Nord (GiN)**, das also parallel verläuft zu Geographisch Nord des Hauptmeridians. Der Winkel zwischen den Gitterlinien (GiN) und der geographischen Nordrichtung (GeN) heißt ***Meridiankonvergenz***. Sie kann mit Hilfe der in ABB 4.13 dargestellten Konstruktion und Formel direkt aus einer Karte bestimmt werden.

Konstruktion zur Berechnung der **Meridiankonvergenz:**

Schritt 1: **Gitterkreuze verbinden (GiN)**!

Schritt 2: **Parallele zum Kartenrahmen zeichnen (GeN)**! Hintergrund: TKs sind Gradabteilungskarten >> die senkrechten Teile des Rahmens sind Meridianausschnitte und weisen damit nach Geographisch Nord.

Schritt 3: **Rechtwinkliges Dreieck einzeichnen und Strecken abmessen** – entscheidend für die Berechnung mit sin(α) sind Gegenkathete (g) und Hypotenuse (h) zu dem Winkel, der von GiN und GeN eingeschlossen wird. (Berechnung über Tangens oder Cosinus ist gleichermaßen möglich.)

Schritt 4: Meridiankonvergenz berechnen mit

$$\sin(\alpha) = \frac{g}{h}$$

$$\leftrightarrow \quad \alpha = \arcsin\left(\frac{g}{h}\right).$$

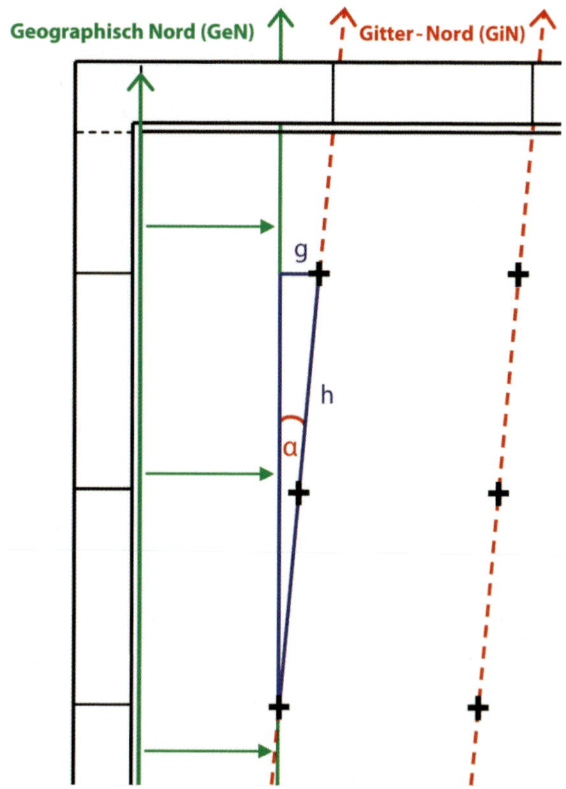

ABB 4.13_Konstruktion und Formel zur Bestimmung der Meridiankonvergenz auf einer Topographischen Karte

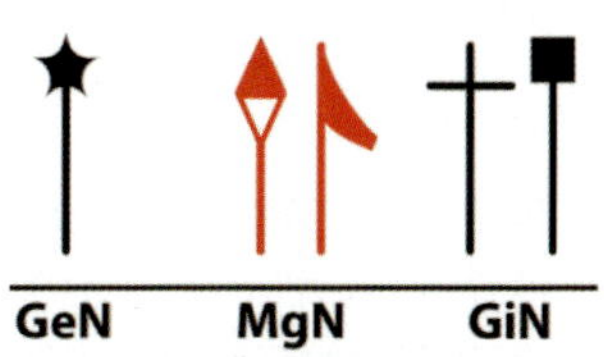

ABB 4.14_Pfeilsymbole für die drei Nordrichtungen (vgl. LINKE 1992: 99)

Und zuletzt zeigt die Kompassnadel zwar nach Norden, aber nicht zum Geographischen Nordpol. Ihre Ausrichtung folgt den magnetischen Feldlinien der Erde, die im **magnetischen Nordpol** zusammenlaufen und dort senkrecht auf der Erdoberfläche stehen. Er ist weder fix noch in seiner Geschwindigkeit konstant. Derzeit wandert er mit 40 Kilometern pro Jahr aus dem Kanadischen Archipel (2001: 81,3°N | 110,8°W) in nordwestlicher Richtung nach Sibirien, wo er bei aktuellem Kurs im Jahr 2050 liegen wird. Eine Kompassnadel richtet sich zum Magnetischen Nordpol hin aus – sie weist nach **Magnetisch Nord (MgN)** – und weicht damit je nach Standort vom Verlauf des örtlichen Meridians (GeN) geringfügig nach Westen oder Osten ab. Diesen sich fortlaufend verändernden Abweichungsbetrag zwischen GeN und MgN nennt man ***Missweisung*** oder ***Deklination***. Der Winkel, den die Kompassnadel (MgN) mit den Gitterlinien des Gauß-Krüger-Systems (GiN) einschließt, heißt ***Nadelabweichung***. Weil sie von der

MERKE_Missweisung/ Deklination

Vom Wortsinn her gibt die Missweisung den Winkel an, um den die Kompassnadel (MgN) die Richtung des geographischen Nordpols (GeN) *missweist*, also von dieser abweicht.

MERKE_Nadelabweichung

Vom Wortsinn her gibt die Nadelabweichung den Winkel an, um den die Kompass*nadel* (MgN) von der Richtung der Gitterlinien (GiN) *abweicht*. Dieser Winkel wird zur Einnordung von Karten verwendet, die nur mit einer *Kompassnadel* durchführbar ist – so scheint hier die Wortbildung mit *Nadel* sinnvoll.

magnetischen Nordrichtung abhängt, ist auch die Nadelabweichung nicht konstant. Ihr Betrag und ihre jährliche Änderung werden auf Topographischen Karten im Kartenrand angegeben. Die Nadelabweichung wird benötigt, um eine Karte einzunorden.

Wie funktioniert das *Einnorden bzw. Einrichten einer Karte*? Siehe ABB 4.15

Schritt 1: Mit Hilfe der Angaben im Kartenrand die **Nadelabweichung bestimmen**.

Schritt 2: **Kompass an eine Gitterlinie anlegen** – Nadel und Gitterlinie zeigen nach Magnetisch Nord.

Schritt 3: Die **Karte** so lange **drehen**, bis der Winkel zwischen Kompassnadel (MgN) und Gitterlinie (GiN) dem Betrag der Nadelabweichung entspricht.

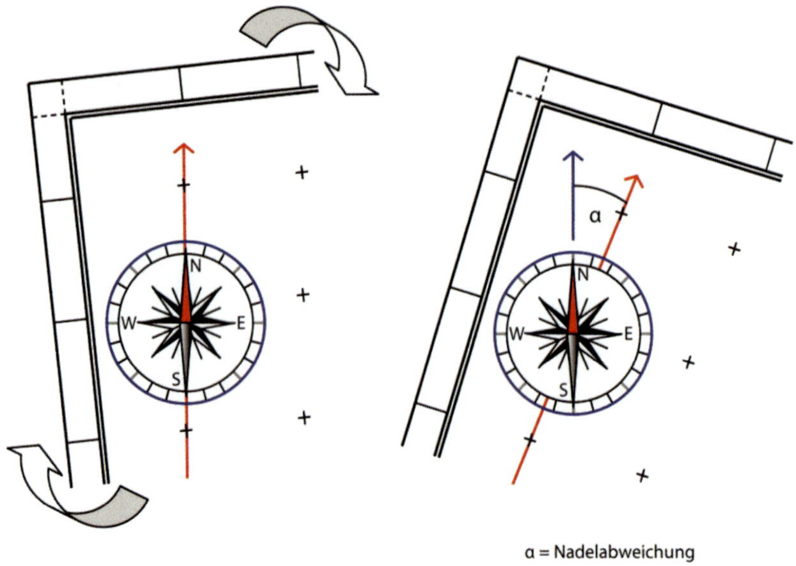

ABB 4.15_Einnorden einer Karte

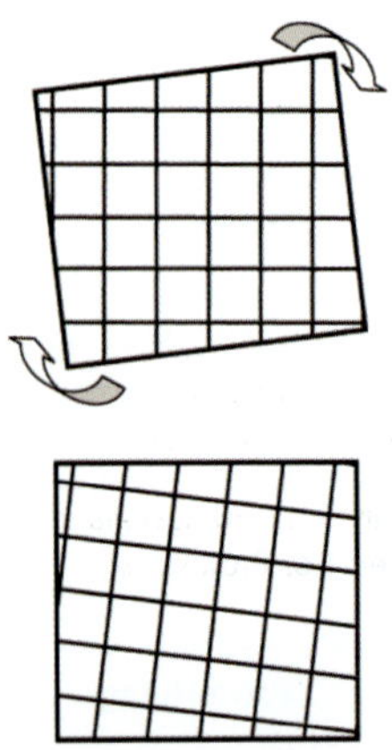

ABB 4.16_Warum Gitterlinien schräg laufen

Aus ABB 4.15 geht auch hervor, weshalb die G-K- bzw. UTM-Gitterlinien der TKen nicht (immer) ‚gerade', d.h. parallel zum Kartenrahmen (GeN) verlaufen, wenn wir die Karte ‚gerade' vor uns hinlegen!

Eine Karte ist eingenordet, wenn sie so liegt, dass die begrenzenden Meridiane nach Geographisch Nord weisen (Nordpol), d.h. wenn Norden auf der Karte in die tatsächliche (geographische) Nordrichtung weist.

Kurzum... Es gibt drei verschiedene Nordrichtungen:

- *Geographisch Nord* bezeichnet jene Richtung, in die die Meridiane weisen (geographischer Nordpol, konstant),
- *Magnetisch Nord* (dynamisch) bezeichnet jene Richtung, in die eine Kompassnadel zeigt (magnetischer Nordpol, dynamisch) und
- *Gitter-Nord* bezeichnet jene Richtung, in die die Gitterlinien der Topographischen Karten weisen (parallel zu GeN des Hauptmeridians).

Je zwei von diesen drei Nordrichtungen schneiden sich in einem bestimmten Winkel. Sie tragen die nebenstehenden Namen. ABB 4.18 fasst zusammen.

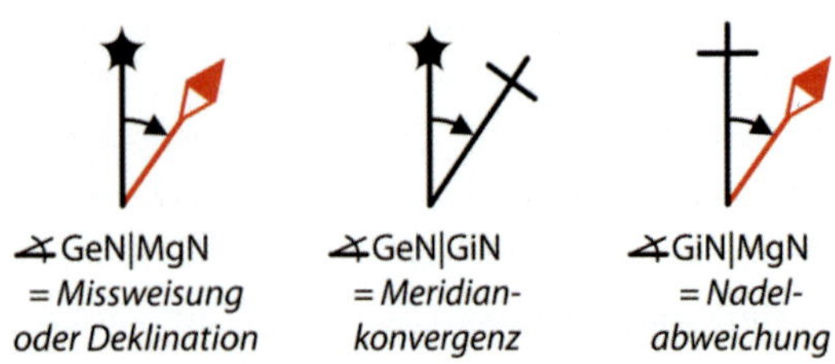

ABB 4.17_Winkel zwischen den Nordrichtungen: Missweisung, Meridiankonvergenz, Nadelabweichung

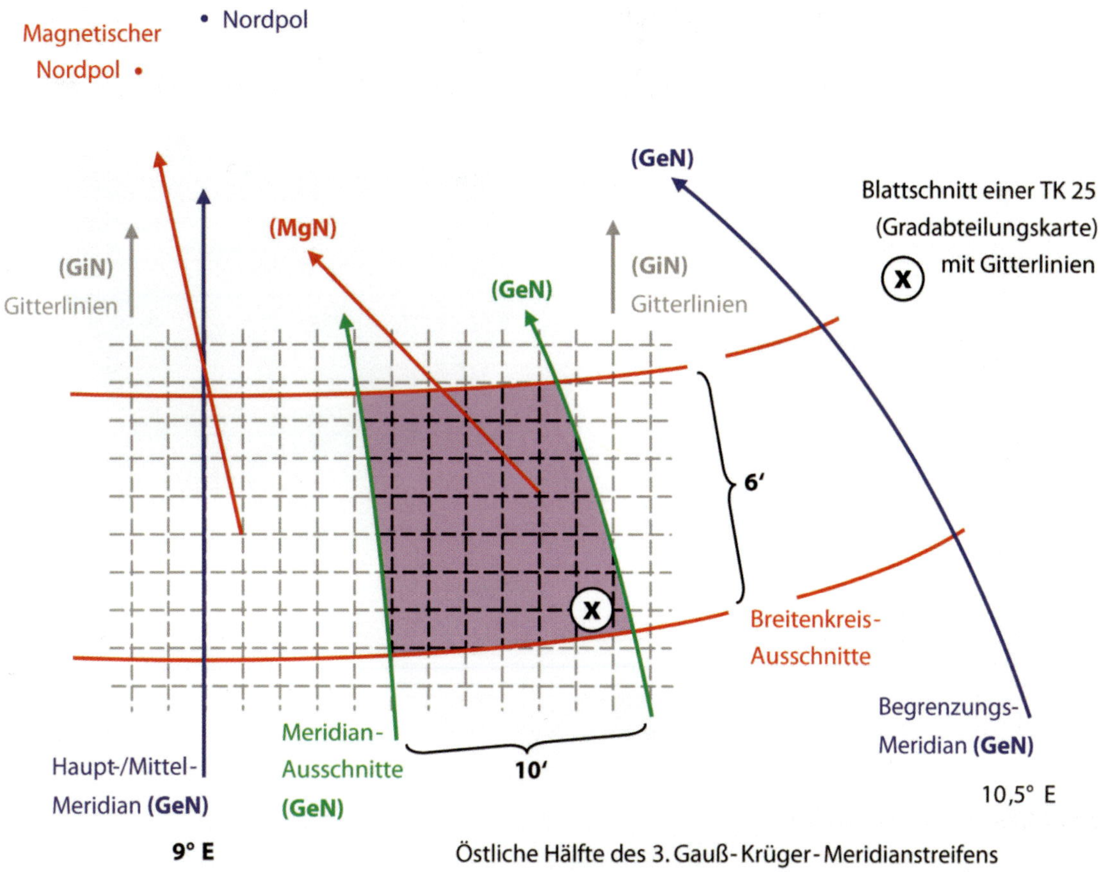

ABB 4.18_Geographische Nordrichtungen in der östlichen Hälfte des 3. Gauß-Krüger-Meridianstreifens

4.4.3 UTM-Koordinaten

Das UTM-System (Universal Transverse Mercator Grid System) wurde 1947 vom US-Army Map Service für Karten mittleren Maßstabs eingeführt und 1951 von der Internationalen Assoziation für Geodäsie (IAG) für Landesvermessungen empfohlen. (Der Wechsel von Gauß-Krüger-Koordinaten auf UTM wird in Deutschland mit der Umstellung von *Potsdam Datum* auf *ETRS89* durchgeführt – siehe *Exkurs Teil 1: Bezugssysteme.*) UTM hat eine Systembreite von 6°, folglich umfasst ein Meridianstreifen in 51° nördlicher Breite etwa 420 km, das Doppelte eines G-K-Meridianstreifens.

UTM bedeutet

Universal **T**ransverse **M**ercator Grid System

Universale **T**ransversale **M**ercator-Projektion

Bezugsellipsoid ist das WGS84, das auf einen transversalen Schnittzylinder projiziert wird, um eine günstigere Verzerrungsverteilung zu erreichen. Folge: Der Hauptmeridian wird nicht längentreu, sondern um den Faktor 0,9996 verkürzt dargestellt; stattdessen werden zwei etwa 180 km symmetrisch und gleichabständig zum Hauptmeridian gelegene Abszissenlinien längentreu abgebildet. Schon das Wort Mercatorprojektion lässt die **transversale, winkeltreue (Schnitt-)Zylinderabbildung** erkennen ABB 4.19).

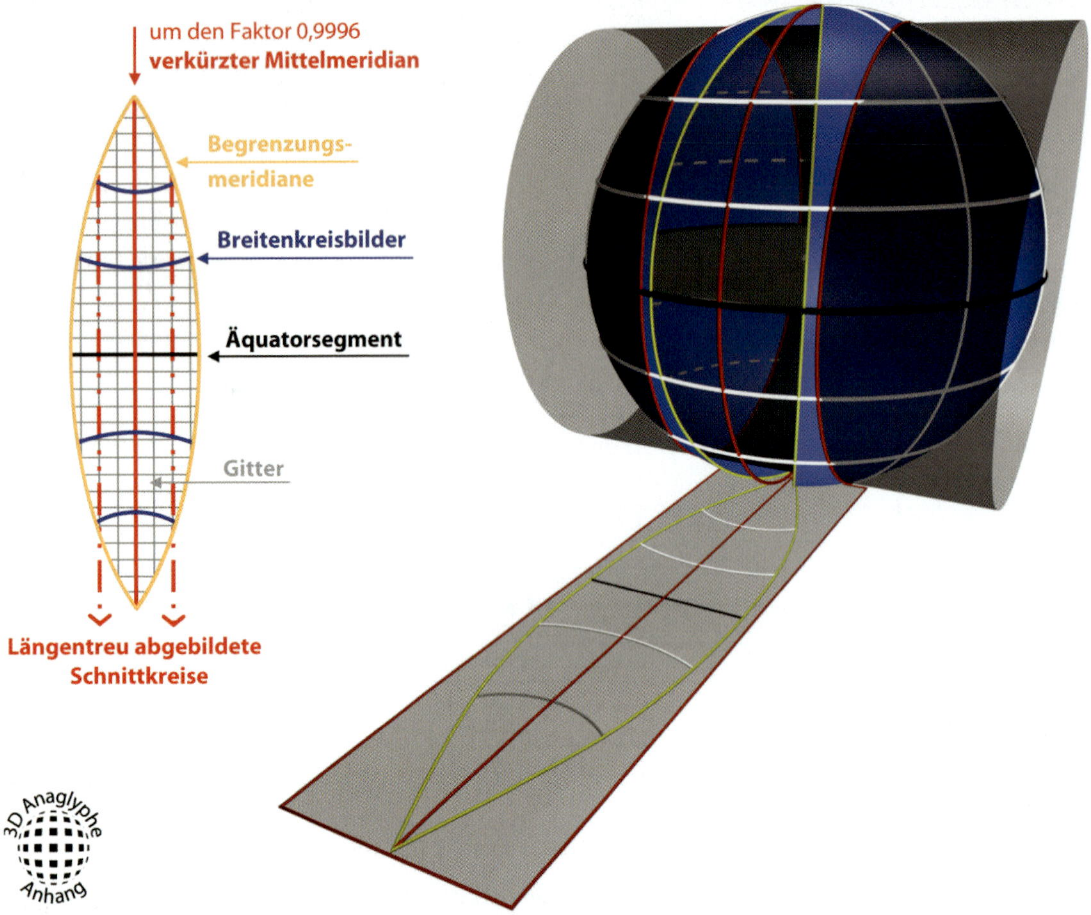

ABB 4.19_Prinzip der UTM-Abbildung
(Schnittzylinder! Ergänzende Erläuterungen siehe ABB 4.7)

ANM

Die Meridianstreifen werden zusätzlich durch eine Nord-Süd-Unterteilung in 8°-Parallelkreis-Bänder sowie 100 x 100 km²-Felder zu *Meldegittern* untergliedert.

60 Meridianstreifen mit einer Ausdehnung von 84° n.B. bis 80° s.B. erfassen die ganze Erde, UTM ist international verbreitet. Der erste Streifen erstreckt sich von 180°E/W bis 174°W mit dem Hauptmeridian bei 177°W. Deutschland liegt überwiegend in Zone 32, deren Mittelmeridian 9°E ist. Für die Abbildung der Polgebiete wird die winkeltreue Azimutalabbildung in normaler Lage (stereographische Projektion) verwendet.

„Die Koordinatenbenennung erfolgt unter der [vorangestellten] Angabe der Zonennummer wie folgt, wobei x und y die Gaußschen Koordinaten [Achtung: *nicht* Rechts- und Hochwerte!] sind:

Ordinatenwert (**E**ast):	$E = y + k_y$	$k_y = 500.000$ m	
Abszissenwert (**N**orth):	$N = x + k_x$	$k_x = 0$ m	für nördl. Breite
		$K_x = 10.000.000$ m	für südl. Breite"

(KOHLSTOCK 2004: 40). Der **Ostwert (East = E)** bei UTM entspricht also dem Rechtswert im Gauß-Krüger-Meridianstreifensystem. Die Zone geht allerdings nicht als Kennnummer in den Ostwert mit ein, sondern wird z.B. mit der Bezeichnung „Zone 32" noch vor der Koordinatenangabe genannt. Der **Nordwert (North = N)** bei UTM entspricht dem Hochwert bei Gauß-Krüger und gibt wie dieser die Entfernung vom Äquator (y-Achse) in Kilometern oder Metern an.

Zum Verständnis: Der in einem früheren Beispiel (KAP 0) schon bemühte, etwa 95 km westlich des 12°-Meridians gelegene Festpunkt mit den Gauß-Krüger-Koordinaten

R = 4 405 057,629 m
H = 5 368 263,248 m

hat also – mögliche Abweichungen wegen Koordinaten-Transformation unberücksichtigt – folgende UTM-Koordinaten:

Zone 32 E = 405 057,629 m
N = 5 368 263,248 m.

ANM_Transformationen

Koordinaten-Transformation meint die Umrechnung von Koordinaten eines Koordinatensystems in ein anderes (z.B. Gauß-Krüger → UTM) bzw. aus einem Bezugssystem in ein anderes (z.B. Basis Bessel-Ellipsoid → WGS84). Solche Transformationen erfordern umfangreiche mathematische Berechnungen. Hilfreich sind – im Internet abrufbare – Transformationsprogramme.

Exkurs Teil 3: Geodätische Messungen

Die Lokalisierung von Punkten erfolgt durch geodätische Vermessungen. Sie liefern Informationen über die Lage eines Objekts im Netz der geographischen Koordinaten und seine Höhe über einem Bezugsniveau. Geodätische Vermessungen erfolgen über Lagefestpunkte im Raum, sogenannte Trigonometrische Punkte (TP). Sie bilden für die BRD das deutsche Hauptdreiecksnetz (DHDN).

ANM_TP

Ein **Trigonometrischer Punkt (TP)** wird in einer TK meist als Dreieck mit einem Punkt in der Mitte eingetragen:

△142,9

Daneben steht die Höhenangabe in Metern und auf Zehntel gerundet.

Die meisten Länder Mittel- und Westeuropas verwenden als Höhenbezugsfläche den Nullpunkt des Amsterdamer Pegels, kurz: Normal Null (NN). Auch die Oberfläche des Erdellipsoiden GRS80, auf den sich das Deutsche Haupthöhennetz von 1992 (DHHN92) bezieht, verläuft durch NN. Das Bezugsniveau des DHHN92 wird als Normalhöhennull (NHN) bezeichnet, ist aber mit NN identisch (zur Umstellung des Bezugssystems vgl. *Exkurs Georeferenzierung, Teil 1: Bezugssysteme*).

Die Lagebestimmung von Objekten erfolgt (vgl. KOHLSTOCK 2004, Kap. 3.2)

Möglichkeiten der **Geodätischen Messung**

- im Gelände durch Nivellieren, trigonometrische, barometrische oder durch GPS-Messungen bzw.
- durch Auswertung von Luft- und Satellitenbildern.

Exkursfazit: Kanalisierende Überlegung zu geographischen und geodätischen Koordinaten

Geodätische Koordinatensysteme sind der Versuch, die geographischen Koordinaten der dreidimensionalen Erde möglichst verzerrungsfrei in ein ebenes und rechtwinkliges Koordinatensystem (kartesisches KS) zu bringen. Die Karte ist dann ein Ausschnitt dieses kartesischen Koordinatensystems. Ihre Abgrenzung (Kartenrahmen) und Netzgrundlage (Kartennetz im Kartenfeld) können dabei sowohl geographische als auch geodätische Koordinaten nachzeichnen, der begrenzende Kartenrahmen ist aber auch frei wählbar: Diesen „Zusammenhang zwischen der Form des Kartenrahmens und dem Kartennetz hinsichtlich geographischer und geodätischer Koordinaten" (Untertitel der Abbildung) haben HAKE et al. (2002: 144) in einer lohnenswerten Grafik dargestellt.

4.5 Reliefdarstellung auf Karten

Karten sollen für alle Zwecke ein möglichst exaktes und zugleich anschauliches Abbild der Erdoberfläche liefern. Schon mit dem ersten Blick sollen das Relief eines Gebietes erkennbar und zentrale Landmarken exakt lokalisierbar sein. Bis zur **heutigen Kartenherstellung und Reliefdarstellung** (überwiegend) **mittels Schattierung und Höhenlinien** (auf kleinmaßstäbigen Übersichtskarten auch Höhenschichten) sind einige Varianten bemüht worden, um diese beiden Ansprüche eines Kartennutzers zu bedienen.

4.5.1 ... mittels Maulwurfshügelmanier

Die Darstellung des Reliefs mittels **Maulwurfshügelmanier** bediente sich der Namen gebenden Maulwurfshaufen, aufrecht gestellter oder umgeklappter Reihen von Bergsignaturen, Fischschuppen, Bänder und Wülste. Im 16. Jahrhundert wurden Berge in charakteristischer Form und Größe dargestellt sowie mit Schattierungen belegt, was der räumlichen Wirkung der Abbildung große Pluspunkte einbrachte. (Begeisterte und gerade wenig begeisterte „Herr der Ringe"-Leser erinnern sich an Tolkiens unschlagbaren Kartenanhang!) Die Karten wurden anschaulicher, konnten das Hauptproblem dieser Methode aber nicht beheben: Die Situation hinter den Bergen bleibt verdeckt – kein Flusslauf, kein Dorf, keine Äcker, keine Wälder, selbst die hinteren Berghänge nicht. Die Abbildungen waren überdies ungenau und stark überhöht.

Die Eifel als Bergkette in Maulwurfshügelmanier zeigt eine Grafik auf:

www.jahrbuch-daun.de/VT/hjb1980/hjb1980.23.htm

Zur Geländedarstellung durch Schrägansicht siehe KOHLSTOCK (2004: 92).

4.5.2 ... mittels Schraffen, Schummerung, farbiger Höhenschichten oder Isohypsen

Um das Relief in seiner Ganzheit als Kontinuum abzubilden, bedarf es der Aufsicht (Vogelperspektive). Dann aber werden andere Mittel notwendig, um Berge und Täler plastisch erkennbar zu machen:

Schraffen: (Lehmannsche) Schraffen sind Teile von Falllinien (Linien in Richtung des stärksten Gefälles). Länge und Strichstärke der Schraffen geben die verschiedenen Böschungswinkel wieder. Eine gedachte Beleuchtung z.B. von links oben (aus NW) kann zusätzlich einen plastischen Effekt erzeugen. Bei aller Anschaulichkeit aber wird die Karte stellenweise so sehr belastet, dass kaum Platz für weitere Informationen bleibt. Außerdem lässt sich kein Grat darstellen und keine absoluten Höhen ablesen. Achtung: Eine optische Reliefumkehr ist möglich!

Ein ansehnliches Beispiel für Schraffendarstellung findet sich bei KOHLSTOCK (2004: 93) sowie unter...

http://pics.computerbase.de/lexikon/116349/180px-Hathing_on_map.JPG

Schummerung: Schummerung meint eine Schattierung, um die Reliefdarstellung plastischer zu machen. Man denke sich hierzu ein Gipsmodell des Alpenreliefs, das seitlich (gedachter Lichteinfall aus Nordwest) angestrahlt und dann fotografiert wird. Es entsteht eine Abbildung, die im Gegensatz zur Schraffendarstellung noch bessere Plastizität bei geringer optischer Belastung erreicht! Dieses fotomechanische Verfahren wurde 1925 vom Bildhauer Karl Wenschow (1884 – 1947) durchgeführt. Noch heute machen sich Kartographen diesen Vorteil von hoher Plastizität bei geringer optischer Belastung zu Nutzen. Allerdings bleibt dieses Verfahren als alleiniges Reliefdarstellungsmittel viel zu ungenau.

Ein Beispiel für Schummerung gibt:

www.web-and-maps.de/thumbs_karto/schummerung/schummerung.gif

Farbige Höhenstufen: Das Prinzip dieser Reliefdarstellung ist eine farbig abgestufte Visualisierung von Höhenintervallen. Gebräuchlich ist die farbige Abfolge entlang des Spektralkreises, z.B. von grün über gelb nach braun. Die Farbstufen wachsen progressiv an, um tiefere Bereiche mit geringeren Reliefunterschieden differenzierter darstellen zu können. Ein Beispiel für progressiv anwachsende Farbstufen wäre: 0-100m / 100-200m / 200-500m / 500-1000m. Für tiefere Lagen werden hellere Farben gewählt, um die Karte optisch weniger stark zu belasten und so die Situation besser darstellen zu können. Schließlich siedeln die meisten Menschen in Höhenlagen zwischen unmittelbarem Meeresspiegel und Mittelgebirgsniveau – hier gibt es kartographisch am meisten zu verwerten! Farbige Höhenschichten geben einen schnellen Überblick über die großräumige Reliefsituation, aber innerhalb einer Höhenschicht keinerlei Aufschluss über einzelne Formen.

!!!

Ein helles Grün im Flachland Afrikas kann schnell Vegetation vortäuschen, wo nicht ein Grashalm wächst!

Höhenlinien (Isohypsen): Isohypsen sind Linien gleicher Höhe. Sie entstehen als Schnitte durch eine Erhebung in bestimmten Höhenlagen –diese Schnitte werden anschließend in den Grundriss, also auf die Bezugsfläche projiziert (ABB 4.20). Linien gleicher Tiefe (z.B. in einem See) heißen **Tiefenlinien** oder **Isobathen**. Als **Äquidistanz** wird der vertikale Abstand der Höhenlagen bezeichnet, in denen derartige Schnitte durchgeführt werden, kurz: die Höhendifferenz zweier Isohypsen (in Metern). Ohne eine ergänzende Reliefdarstellung gehen allerdings viele kleine Einzelformen wie Karst- oder vulkanische Formen, Reliefunterschiede im sehr flachen Gelände, evtl. markante Geländeknicke sowie künstliche Geländeformen verloren. Abhilfe kann hier geschaffen werden durch eine ergänzende Schattierung, Signaturen oder Höhenknoten, d.h. durch die Angabe einzelner Höhenpunkte.

DEF_Isohypse

Gedachte Linie im Gelände, die benachbarte Punkte gleicher Höhe über einer Bezugsfläche miteinander verbindet.

DEF_Äquidistanz

Berechnung der Hangneigung: $\tan(\alpha) = \frac{\Delta h}{a}$

>> *Berechnung des horizontalen Abstands zwischen 2 Isohypsen*:

(14) $a = \frac{\Delta h}{\tan(\alpha)}$

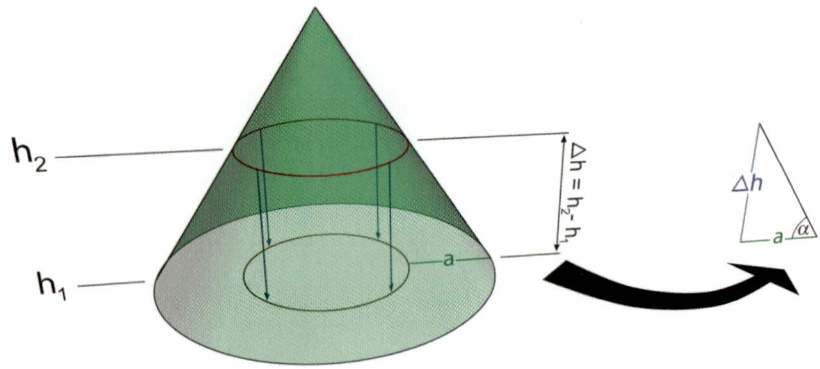

ABB 4.20_Isohypsen erstellen - Hangneigung berechnen

Die Hangneigung lässt sich einerseits mit der in ABB 4.20 hergeleiteten Formel, andererseits mit Hilfe eines Neigungsmaßstabs aus der Karte heraus bestimmen. Der **Neigungsmaßstab** befindet sich auf den (älteren) TKs am unteren Kartenrand. Die Hangneigung kann angegeben werden ...

!!!

arctan (sprich: Arcustangens) wird auf Taschenrechnern oft auch als $\tan^{-1}$ dargestellt.

(15) in ° (Grad): $\alpha = \arctan\left(\frac{\Delta h}{a}\right)$

(16) in % (Prozent): $\alpha = \frac{\Delta h}{a} \cdot 100$

(17) als Neigungsverhältnis: $\alpha = 1 : \frac{a}{\Delta h}$

ANM

Angenommen, nach einer Streckung und Überhöhung hat die y-Achse den Maßstab 1 : 16.666. Hier ist es kaum nützlich, nach 1 cm immer 166,66 m aufzuaddieren. Es hilft erheblich, den Abstand zweier Teilstriche auszurechnen, die 100 m auseinander liegen, also:

100 m : 16.666 = 0,006 m.

D.h. 0,6 cm (Profil) überwinden auf der y-Achse einen natürlichen Höhenunterschied von 100 m.

!!!

Im Höhenprofil herrschen wieder gewohnt mathematische Verhältnisse: Die y-Achse zeigt nach oben, die x-Achse nach rechts!

4.5.3 ... im Querschnitt: Das Höhenprofil

Das Relief einer Landschaft kann auch als **morphographisches Profil**, kurz: **Höhenprofil** dargestellt werden. Dazu muss nicht einmal die Hangneigung bestimmt werden. Auf einer Karte wird eine gerade Profillinie von Punkt A nach Punkt B gezogen. Diese schneidet und/oder tangiert mehrere Isohypsen, die bei einer geradlinigen Wanderung von A nach B überwunden werden müssten. Die Abstände der Isohypsenschnittpunkte von A werden entweder direkt auf eine parallele x-Achse übertragen (z.B. auf einem zur Profillinie parallel liegenden Blatt Papier) oder in einer Tabelle festgehalten, um im zweiten Schritt auf einer x-Achse mit A im Ursprung abgetragen zu werden.

Eine Tabelle anzulegen, bietet die Möglichkeit, das Profil nach Belieben und mit nur geringem Aufwand zu strecken und/oder zu überhöhen. Dabei ist zu beachten:

- **Streckung** wirkt sich immer auf beide Achsen aus,
- **Überhöhung** bewirkt nur eine Verlängerung der y-Achse!

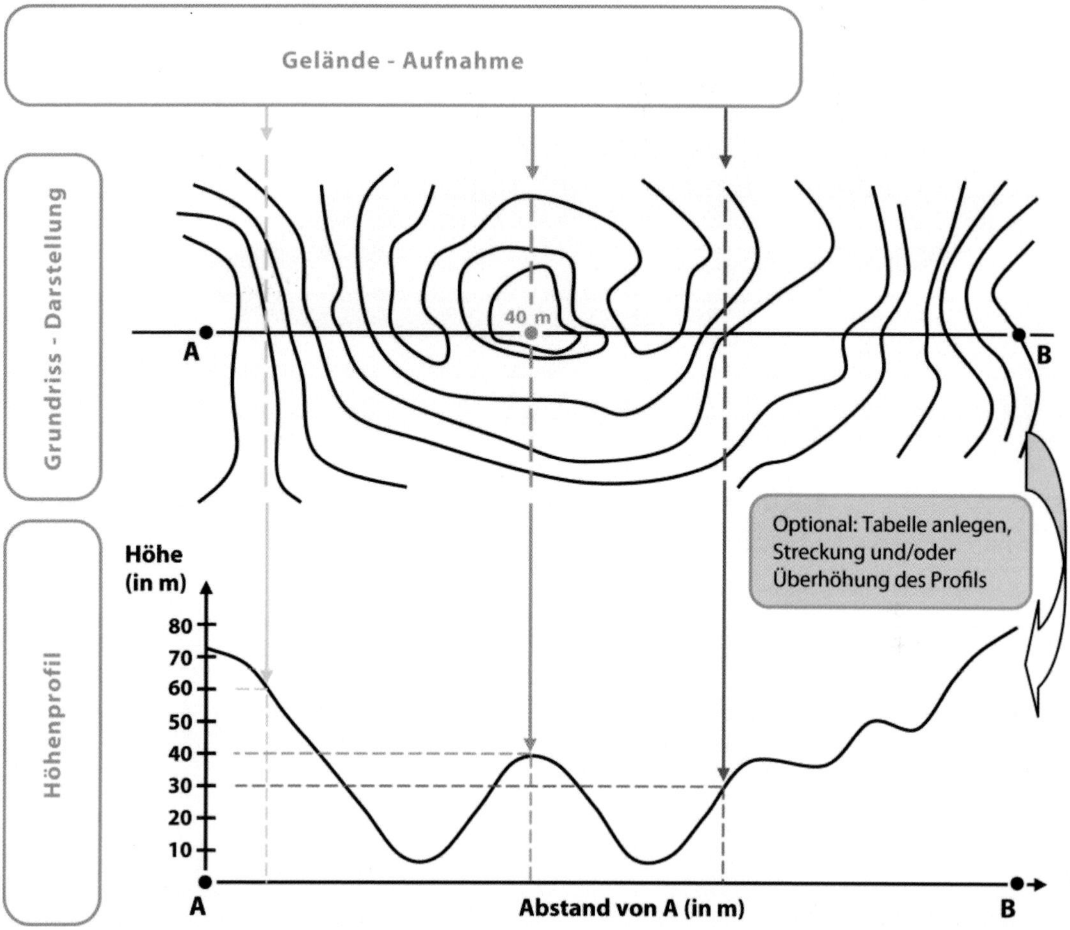

ABB 4.21_Von der Geländeaufnahme zur Grundrissdarstellung zum Höhenprofil
Höhenlinien als Schnittlinien horizontaler Flächen mit dem Gelände; von der Grundriss-Darstellung zum Höhenprofil – Erstellen des Geländeprofils entlang einer oder mehrerer Geraden

Ein Beispiel: Ausgangskarte sei eine TK 10...

- Ein nicht gestrecktes, nicht überhöhtes Profil einer beliebigen Strecke hat also auf beiden Achsen den Maßstab der Karte (1:10.000 → 1cm = 100m).
- Ein 2-fach gestrecktes, nicht überhöhtes Profil hat auf beiden Achsen den Maßstab 1 : 5.000 (= 2 · 1:10.000 → 1cm = 50m bzw. 2cm = 100m).
- Ein 2-fach gestrecktes, 5-fach überhöhtes Profil hat auf der x-Achse den Maßstab 1 : 5.000 (= 2 · 1:10.000 → 2cm = 100m), auf der y-Achse den Maßstab 1 : 1.000 (= 5 · 2 · 1:10.000 = 5 · 1:5.000 → 10cm = 100m).

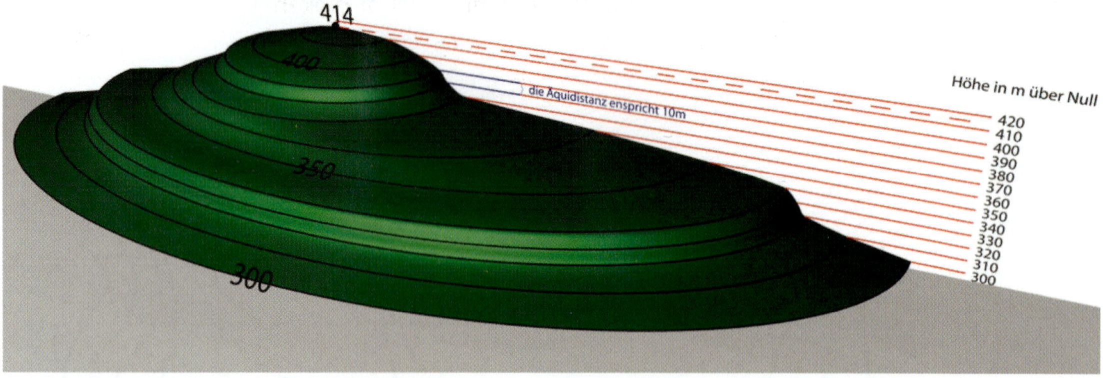

ABB 4.22_Das Höhenprofil verstehen als einen Schnitt durch ein dreidimensionales Gelände/-modell
Entwurf und Realisierung: Maximilian Scharf

4.5.4 Kanalisierende Überlegung zur Nutzbarkeit von Reliefdarstellungen

Insgesamt ergeben sich folgende Untersuchungskriterien zur Nutzbarkeit von Reliefdarstellungen:

- Perspektive / Übersichtlichkeit / plastischer Eindruck,
- Hangneigung,
- optische Belastung,
- Genauigkeit der Reliefdarstellung und
- absolute Höhenwerte.

4.6 Generalisierung

Neben dem Relief wollen auch alle Objekte, die sich auf der Erdoberfläche befinden, in Lage und Größe möglichst exakt und vielleicht nicht anschaulich, aber doch so dargestellt werden, dass eine Kirche sofort als Kirche, ein Schloss gleichermaßen als ein Schloss identifiziert werden kann. Je kleiner der Maßstab und je größer damit das abzubildende Gebiet ist, desto schwieriger wird es, zum Beispiel einzelne Häuser voneinander abzugrenzen, weil sowohl in der Kartenherstellung als auch in der Kartennutzung schnell bestimmte Minimaldimensionen unterschritten werden (vgl. KOHLSTOCK 2004):

Kartographische Minimaldimensionen

- Linienbreite schwarzer Linien: 0,05 mm.
- Linienbreite farbiger Linien: 0,1 mm.
- Die Linienzwischenräume müssen zwischen schwarzen Linien 0,25 mm, zwischen farbigen Linien 0,15 mm breit sein.
- Ausdehnung schwarzer Flächen: 0,3 mm Kantenlänge.
- Ausdehnung farbiger Flächen: 1 mm Kantenlänge.
- Die Flächenzwischenräume müssen 0,15 mm betragen.

Unterhalb dieser Werte ist eine vernünftige Lesbarkeit nicht mehr garantiert!

Ein Beispiel: Auf einer TK 100 würde die Kantenlänge eines 15 m breiten Hauses nur noch 0,15 mm betragen. Entweder ist es ein ganz besonderes Anwesen, das deshalb wenigstens in Minimaldimension (0,3 mm Kantenlänge) und damit doppelt so groß wie in Natur abgebildet wird, oder es wird mit benachbarten Häusern, Gärten, Innenhöfen (alles soweit vorhanden) zu einem Gebäudekomplex zusammengefasst, der wiederum groß genug ist, damit er mit bloßem Auge erkennbar auf der Karte eingetragen werden kann.

Das **Töpfersche Auswahlgesetz** gibt dabei einen Richtwert, wie viele Objekte auf der Folgekarte noch dargestellt werden können:

(18) $n_F = n_A \cdot \sqrt{\frac{m_A}{m_F}}$ mit n_F = Anzahl der Objekte in der Folgekarte,
n_A = Anzahl der Objekte in der Ausgangskarte,
m_A = Maßstab der Ausgangskarte,
m_F = Maßstab der Folgekarte.

DEF_Generalisierung

(siehe auch unten)

Der im voranstehenden Beispiel umschriebene Vorgang des Verallgemeinerns und Abstrahierens heißt Generalisierung. Er ist immer dann notwendig, wenn die detaillierte räumliche Wirklichkeit in einer Karte wiedergegeben werden soll. Schließlich soll die Karte so viele Informationen und so viel Realität wie möglich transportieren, dabei aber immer lesbar bleiben.

Die *kartographische Generalisierung* umfasst nach KOHLSTOCK (2004: 83f.) – bei diesem wiederum nach HAKE (1982) – 7 elementare Vorgänge, die in zwei verschiedenen Anwendungsbereichen auftreten können (siehe hierzu auch die entsprechende Einordnung innerhalb der kartographischen Kommunikation, ABB 1.1):

1. in der **Erfassungs- bzw. Objektgeneralisierung**, d.h. bei der Landesaufnahme im Gelände (Herstellung der Grundkarte) sowie
2. in der **kartographischen Generalisierung**, d.h. beim rein kartographisch durchgeführten Übergang vom größeren Maßstab der Grund- bzw. Ausgangskarte in einen kleineren Maßstab der Folgekarte.

elementare Vorgänge der kartographischen Generalisierung

Die passende und dringend empfohlene Grafik findet sich bei KOHLSTOCK (2004: 84).

Die elementaren Vorgänge der kartographischen Generalisierung sind nach KOHLSTOCK bzw. HAKE folgende:

1. „**Vereinfachen**, d.h. Weglassen von Details (z.B. Hausvorsprünge, kleinere Krümmungen eines Gewässers u.ä.),
2. **Vergrößern**, insbesondere Verbreitern linearer Objekte,
3. **Verdrängen** infolge einer Verbreiterung,
4. **Zusammenfassen** mehrerer gleicher Einzelobjekte zu einem ‚stellvertretenden' Objekt (z.B. einzelne Häuser einer Siedlung) **,**
5. **Auswählen**, d.h. bei gleichartigen Objekten Weglassen der weniger wichtigen (Fußweg, Fahrweg, Straße),

6. **Klassifizieren [bzw. Typisieren]**, d.h. Weglassen des weniger Typischen (z.B. bei unterschiedlichen Vegetationsformen nur noch die Hauptform) [inkl. Umwandeln in Signaturen],
7. **Bewerten**, d.h. bei gleichartigen Objekten Hervorheben des wichtigeren (Hauptstraße, Nebenstraße)" (KOHLSTOCK 2004: 83).

KOHLSTOCK unterscheidet zwischen *rein geometrischer Generalisierung* einerseits (Vorgang 1 bis 3) und *geometrisch-begrifflicher Generalisierung* andererseits (Vorgang 4 bis 7).

DEF_Generalisierung

(siehe auch oben)

Zusammenfassend: Die Generalisierung ist maßstabs- bzw. themenbedingt. Damit die Karte gut lesbar bleibt, muss Unwesentliches ausgelassen, vereinfacht und zusammengefasst werden. Dieser Vorgang heißt Generalisierung.

4.7 Endlich: Definition Karte

Damit sind die zentralen Themen rund um die Karte behandelt, um endlich eine Definition zu geben:

DEF_Karte

Die Karte ist eine maßstäblich verkleinerte, verebnete Projektion der Erdoberfläche oder eines Teiles von ihr. Sie vereinfacht (generalisiert), erläutert und symbolisiert eine Auswahl an natürlichen wie anthropogenen „Vorkommnisse[n] und Erscheinungen" (IMHOF 1972: 12).

Damit lässt sich eine Karte durch ihren Maßstab, Raumbezug und Abstraktionsgrad mehr oder weniger unfehlbar von anderen grapischen Präsentationen unterscheiden (vgl. MENG 2008: 4).

DEF_nach Imhof

„Karten sind verkleinerte, vereinfachte Grundrisse der Erdoberfläche oder von Teilen derselben, ergänzt durch Eintragungen der verschiedensten, an die Erdoberfläche gebundene[n] Vorkommnisse und Erscheinungen. (Der Ausdruck »Grundriß« besagt, daß es sich um konstruktiv-zeichnerische, lotrechte Parallelprojektionen auf horizontale Bildebenen handelt [vgl. Abbildung in KOHLSTOCK 2004: 19]. Die Netz- resp. Gebietsverzerrungen infolge der Verebnung der Erdkugeloberfläche ändern nichts am grundrißähnlichen Charakter der Darstellung)" (IMHOF 1972: 12).

In Sprache und Schrift können Informationen allein von links nach rechts, von vorne nach hinten (je nach Kultur gern auch umgekehrt), kurzum: nur nacheinander übermittelt werden. Ganz anders die Karte: Sie stellt einen Raum anhand ausgewählter Informationen als geschlossene Einheit vor – sofern sie nicht Bezüge nach außerhalb, Übersee, eben über den vorgestellten Raum hinaus erkennen lässt. Sie gibt auf einen Blick Auskunft über die Lage sowie linien- und flächenhafte Ausdehnung von Objekten, Auskunft über Distanzen zwischen ihnen und Richtungen, in denen sie zueinander angeordnet sind. Manchmal in Momentaufnahme, manchmal für einen vergangenen Zeitraum, manchmal sogar für einen noch unabgeschlossenen. Die Karte hilft, sich zu orientieren. Die Karte arbeitet und funktioniert synoptisch. Derart präsentiert sie den Raum in seiner Gestalt und Struktur, hinsichtlich der Verflechtungen und Disparitäten innerhalb seiner Grenzen sowie in der Dimension seiner Dynamik, die im Zusammenspiel der Kartenelemente visualisiert wird. Die Karte bedient sich dazu einer eigenen Sprache, die Signaturen. Wie diese genutzt werden, erklärt die *Legende* (von lat. legere = lesen) oder *Zeichenerklärung*. Damit diese Bedienungsanleitung reibungslos funktioniert, sollte eine Legende immer in der Nähe sein, am besten im Kartenrand –unmittelbar neben dem Kartenfeld, das vom Kartenrahmen umschlossen ist (vgl. HAGEL 1999: 26f.).

FREITAG holt noch etwas weiter aus: Die Karte „ist eine maßgebundene graphische Darstellung (Repräsentation) räumlichen, insbesondere georäumlichen Wissens. Sie lässt in ihrem Inhalt den Entwicklungsstand der Geo-Wissenschaften, in ihrer Form und Herstellung den Stand von technischen Wissenschaften und ihrer Bewertung und Nutzung den Stand der Kultur und Sozialwissenschaften erkennen" (FREITAG 2008, 59).

Verständnisfragen

V.4.1 Welche Karten werden als topographische Karten bezeichnet? Listen Sie diese unter Angabe der Abkürzungen auf.

V.4.2 Was meint der Begriff *Gradabteilungskarte*?

V.4.3 Was ist eine 4cm- bzw. 0,5cm-Karte und wofür ist diese Angabe hilfreich?

V.4.4 Warum hat der Blattschnitt einer TK die Form eines Trapezes?

V.4.5 Wofür steht die Abkürzung DGK5 und wie groß ist der in einer DGK5 abgebildete Ausschnitt der Erdoberfläche?

V.4.6 Wie heißt das Gegenstück zur DGK5 in Bayern & Württemberg und wo ist der Unterschied?

V.4.7 Welche W-E / N-S -Ausdehnung hat eine ÜK 500?

V.4.8 Wie funktioniert die Benennung einer IWK. Welchen Blattschnitt hat sie?

V.4.9 Nennen Sie die formalen und inhaltlichen Bestandteile einer Karte? Was gehört alles zur Darstellung der „Situation"?

V.4.10 Welche Möglichkeiten zur Messung der Höhenlage eines Punktes gibt es?

V.4.11 Welcher Reliefdarstellung bedient sich die Kartographie derzeit in Topographischen Karten und warum?

V.4.12 Welche Arten der Reliefdarstellung gibt es?

V.4.13 Was ist der sog. Neigungsmaßstab und wo findet man ihn? Was kann man daraus ablesen und was wird dafür benötigt?

V.4.14 Welche Punkte im Gelände sind auf einer Karte als Isohypse dargestellt? Was also sind Isohypsen? Was sind dementsprechend Isobathen?

V.4.15 Was ist die sogenannte Äquidistanz? Welche Einheit hat sie?

V.4.16 Welche der nachfolgenden Aussagen ist richtig?

(a) Je größer/kleiner der Hangneigungswinkel, desto enger scharen sich die Höhenlinien.
(b) Je größer/kleiner die Höhendifferenz, desto größer (bei gleichbleibender Grundstrecke a) die Hangneigung.
(c) Je größer/kleiner der Abstand zwischen zwei Isobathen, desto steiler fällt der See ein.

V.4.17 Streckung eines Höhenprofils mit dem Faktor 4 bedeutet ...

O Nur die Länge der x-Achse muss mit 4 multipliziert werden.
O Nur die Länge der y-Achse muss mit 4 multipliziert werden.
O Beide Achsen müssen mit dem Faktor 4 multipliziert werden.

V.4.18 Überhöhung eines Höhenprofils mit dem Faktor 5 bedeutet:

O Nur die Länge der x-Achse muss mit 5 multipliziert werden.
O Nur die Länge der y-Achse muss mit 5 multipliziert werden.
O Beide Achsen müssen mit dem Faktor 5 multipliziert werden.

V.4.19 Die y-Achse eines Höhenprofils skaliert auf 5cm einen Höhenunterschied von 100m, die x-Achse hat den Maßstab 1:5.000. Welche Aussage lässt sich über Streckung und Überhöhung treffen?

V.4.20 Worauf zielt Generalisierung ab?

V.4.21 Was passiert allgemein bei der Generalisierung?

V.4.22 Welche elementaren Vorgänge der kartographischen Generalisierung werden unterschieden? (7 Begriffe)

V.4.23 Nennen Sie die beiden Anwendungsbereiche der Generalisierung.

V.4.24 Welche Minimaldimensionen sind auf Karten vorgeschrieben für (a) schwarze Linie, (b) farbige Linie, (c) Linienabstand, (d) Flächendimension?

V.4.25 Was besagt das Töpfersche Auswahlgesetz? Benennen Sie die Formel!

V.4.26 Erklären Sie das Prinzip der Gauß-Krüger-Koordinaten. (Wie viele Meridianstreifen gibt es in der BRD? Welche Breite haben sie [in °]?)

V.4.27 Wofür steht R & H beim G-K-System? Wie entstehen die zugehörigen Werte?

V.4.28 Benennen Sie alle drei Nordrichtungen. Was meinen die Begriffe jeweils?

V.4.29 In Deutschland weicht die Kompassnadel leicht vom Verlauf der Meridiane ab. In welche Richtung weicht sie ab? Und warum? Wie heißt dieser Winkel?

V.4.30 Wovon hängt die Lage des magnetischen Nordpols ab?

V.4.31 GiN läuft... (Zutreffendes ankreuzen)

O parallel zu GeN des Hauptmeridians.
O parallel zu MgN.
O senkrecht zum entsprechenden Breitenkreis.

V.4.32 Welche je 2 Nordrichtungen spannen welche 3 besondere Winkel auf?

V.4.33 Was wird benötigt, um eine Karte einzunorden?

V.4.34 Wenn eine Karte eingenordet ist, bedeutet das: (Zutreffendes ankreuzen)

O GiN zeigt nach MgN.
O MgN stimmt mit GeN der die Karte begrenzenden Meridiane überein.
O die begrenzenden Meridiane zeigen nach GeN.
O GiN zeigt in die gleiche Richtung wie GeN des zugehörigen Hauptmeridians.

V.4.35 Fragen zu UTM:

Was bedeutet die Abkürzung UTM?
Was haben UTM und G-K-System gemeinsam?
Was unterscheidet sie voneinander?
Warum ist der Mittelmeridian eines UTM-Streifens um den Faktor 0,9996 zur Natur sowie auch zum G-K-System verkürzt?
In welchen Streifen (mit welchem Mittelmeridian) liegt Deutschland?
Auf welchen Rotationsellipsoiden bezieht sich UTM, auf welchen das G-K-System?

V.4.36 Fragen zu Soldner-Koordinaten:

(a) Welche Projektion liegt Soldner-System zugrunde? Unterschied zu UTM/G-K?
(b) Auf welche Achsen beziehen sich Soldner-Koordinaten? Wie sind sie unterteilt?
(c) Wie wird also eine Höhenflurkarte benannt?

Aufgabenkatalog

A.4.1 Wie groß ist die von einer TK 100 eingeschlossene Fläche auf der geographischen Breite Hamburgs (ungefähr 53,5°N)?

A.4.2 Wie heißt die im Westen an Kartenblatt CC6326 Bamberg angrenzende TÜK 200, deren größte Stadt Frankfurt a.M. ist?

A.4.3 Die TÜK 200 mit Flensburg als größter Stadt hat als nördl. Begrenzung 55°12' / als östl. Begrenzung 10°. Berechnen Sie ausgehend davon die Begrenzungslinien der CC6326 Bamberg (BA: 49°53'N, 10°53'E). Berechnen Sie die Trapez-Fläche (in km^2).

A.4.4 Gegeben sind das IWK-Blatt NC 32 und das IWK-Blatt SB 30. Welche der beiden Karten liegt (a) näher am Null-Meridian, (b) näher am Äquator?

A.4.5 Wie lauten die Abgrenzungslinien des Kartenblattes NN 31 Amsterdam?

A.4.6 Wie groß ist die Fläche der Gartenanlage zwischen Lobmachtersen und Flachstöckheim auf Blatt 3928 Salzgitter-Bad (bei Höhenpunkt 111,9m; Angabe in Hektar)? (Wer die Karte gerade nicht zur Hand hat, beziehe sich bitte auf nebenstehende äquivalente Darstellung!)

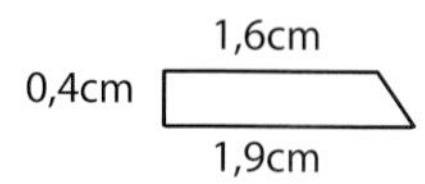

A.4.7 Eine Schneise im ‚Hüttenwald' bei Goslar überwindet 30 Höhenmeter auf einer Distanz, die in der TK 25 etwa 5,5mm beträgt. Berechnen Sie die Hangneigung in Grad und Prozent. Lesen Sie aus dem Neigungsmaßstab einer TK 25 zusätzlich das Neigungsverhältnis ab (falls nicht vorhanden, bitte auch dieses ausrechnen) – hier können Sie auch Ihre Rechenergebnisse überprüfen.

A.4.8 Ein 4-fach gestrecktes, 5-fach überhöhtes Höhenprofil im Maßstab 1:50.000 zeigt Distanzen (x-Achse) bzw. Höhendifferenzen (y-Achse) also in jeweils welchem Maßstab an?

A.4.9 Welche Aussage lässt sich über die Lage von Punkt P treffen mit den Koordinaten R 4436420 – H 5532510?

A.4.10 Im Folgenden sind vier Punkte, die auf dem Kartenblatt einer TK liegen, mit Gauß-Krüger-Koordinaten aufgelistet. Bestimmen Sie, welcher Punkt im NW, im NE, im SW und im SE des Kartenblatts liegt.

A.4.11 Gegeben seien eine ältere Ausgabe von Blatt 4028 Goslar sowie die folgenden, daraus entnehmbaren Informationen:

Erstens: Gitterkreuz 1: R ^{35}92 – H ^{57}63; Entfernung zum Kartenrahmen: 1,7cm

Gitterkreuz 2: R ^{35}92 – H ^{57}53; Entfernung zum Kartenrahmen: 1,0cm

Zweitens: „Die Nadelabweichung für 1988 beträgt etwa 1,7° westlich, die jährliche Abnahme etwa 0,1°." (aus dem Kartenrand)

Beantworten Sie mit Hilfe dieser Angaben folgende Fragen: Wie groß ist auf Blatt 4028 Goslar …

(a) die Nadelabweichung im Jahr 2010 (NA_{2010})?
(b) die Meridiankonvergenz (MK)?
(c) die Missweisung (MW)?

A.4.12 Bestimmen Sie die Lage des Punktes P aus folgender UTM-Koordinatenangabe:
P: Zone 33 E = 378 555 N = 5553 241

A.4.13 Wie weit ist die rechte untere Ecke des Blattes NW4.12 von München entfernt (in km Luftlinie)?

5 Thematische Karten

ANM_Topographische Kartengrundlage:

Weil die topographische Kartengrundlage das Kartenbild nicht zu stark belasten darf, muss zwischen wichtigen und weniger wichtigen Bestandteilen dieser Grundlage unterschieden werden: Von großer Bedeutung sind v.a. das Gradnetz und Gewässer. Je nach Thema und der Menge an darzustellenden Sachverhalten können Siedlungen, Verkehrswege, Verwaltungsgrenzen etc. zur Orientierung oder notwendigen Information ergänzt werden.

5.1 Einleitende Worte & Definition

Die Ausführungen zu Topographischen Karten der Thematischen Kartographie voranzustellen, ist schon deshalb sinnvoll, weil Thematische Karten auf der Grundlage inhaltlich reduzierter Topographischer Karten erstellt werden. Schließlich hat das abgebildete Thema eine räumliche Ausdehnung bzw. Abgrenzung und muss deshalb räumlich verortbar sein. Das Thema kann z.B. heißen: *Afrika – nördlicher Teil – Wirtschaft* (DIERCKE-Atlas 2002: 138f.), *Nord- und Mittelamerika – Klima* (DIERCKE-Atlas 2002: 186) oder *Deutschland – Energiewirtschaft* (DIERCKE-Atlas 2002: 56). Es kann um Häfen gehen, norddeutsche Gletschervorstöße in der letzten Eiszeit, Religionen und Sprachen, Ferntourismus und Migration, reale Vegetation und Landnutzung, Welthandel, Flüge und vieles mehr. Damit ist inhaltlich schon eine Definition gegeben, die formal auf den Punkt gebracht werden kann:

DEF_Thematische Karte

In Thematischen Karten werden auf der Basis inhaltlich reduzierter Topographischer Karten räumliche Verteilungen und Beziehungen zum Ausdruck gebracht.

5.2 Eigenschaften darzustellender Objekte

Die obigen Beispiele zeigen, dass die darzustellenden Verteilungen und Beziehungen – kurz: Objekte – verschiedene Eigenschaften hinsichtlich Menge, Größe, Richtung oder zeitlicher Dynamik aufweisen: Das Objekt kann...

1. **qualitativer oder quantitativer Art** sein;
   a. *Qualitativ* meint, dass nur entscheidend ist, welche ‚Untertypen' des zentralen Themas wo anzutreffen sind (**Was ist wo?**), z.B. die räumliche Verteilung der Wirtschaftszweige im nördlichen Teil Afrikas. Die Wirtschaftszweige Industrie und Bergbau, dazu die Themen Bodennutzung, Verkehr und Transport sind in diesem Beispiel die ‚Untertypen' des Themas Wirtschaft. Ergänzt um die Vegetation Nordafrikas gibt die Karte nicht nur die räumliche Verteilung der einzelnen Wirtschaftszweige wieder, sondern lässt auch Interpretations- bzw. Erklärungsansätze zu.
   b. *Quantitativ* ergänzt die qualitative Art eines Objektes um eine Mengenangabe: **Wie viel (und von was) ist wo?**

2. als **Diskretum oder Kontinuum** auftreten;
   a. *Diskreta* sind in ihrer Ausdehnung begrenzte, d.h. räumlich klar voneinander abgrenzbare Einzelobjekte, die durch Signaturen dargestellt werden.
   b. *Kontinuum* meint räumliche Verteilungen von flächendeckenden bzw. allgegenwärtigen Erscheinungen (z.B. Lufttemperatur, Luftdruck, Relief), die stufenweise mit Isolinien dargestellt werden.
3. **punkthaft, linienhaft oder flächenhaft verbreitet** sein (vgl. KAP 5.2);
   a. ein *Punkt* kann als Lage-, Mengen- und Wertepunkt auftreten,
   b. eine *Linie* kann die Funktion einer Begrenzungs-, Mittel- oder Isolinie (Linie gleicher Werte) einnehmen,
   c. eine *Fläche* tritt als Objekt-, Verbreitungs- oder Intervallfläche in Erscheinung (ein Kontinuum ist immer flächenhaft).
4. **statisch oder dynamisch** sein;
   a. *statisch* ist z.B. die Einwohnerzahl einer Stadt im Jahr 2008,
   b. *dynamisch* meint in diesem Beispiel dann die Veränderung der Einwohnerzahl dieser Stadt im letzten Jahrzehnt.

ABB 5.1 fasst die Eigenschaften darzustellender Objekte zusammen.

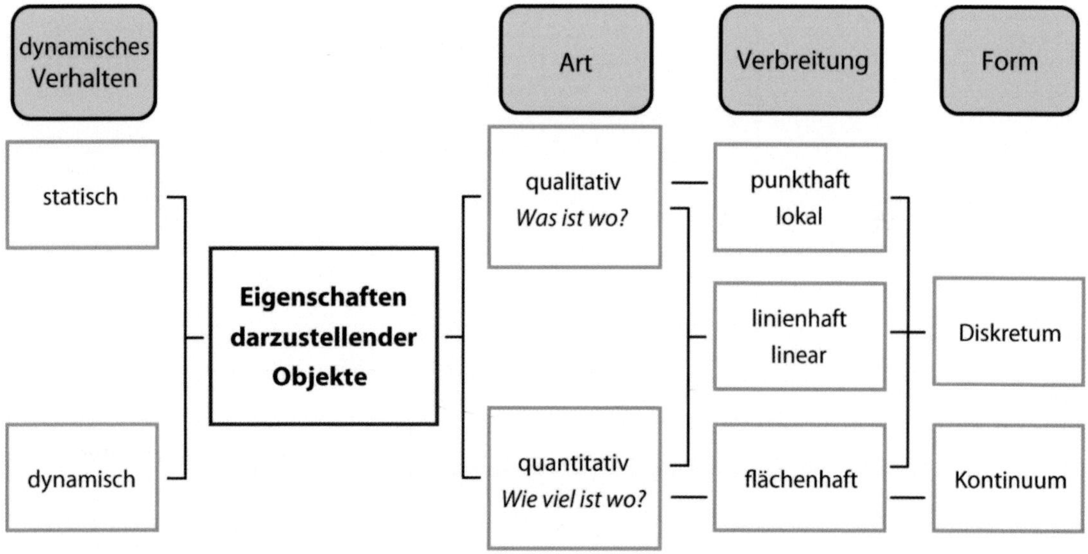

ABB 5.1_Eigenschaften darzustellender Objekte in Thematischen Karten

5.3 Kartographische Gestaltungsmittel

Die Verbreitung eines Objektes (punkthaft, linienhaft, flächenhaft) kann in Thematischen Karten mit Hilfe folgender kartographischer Gestaltungsmittel realisiert, d.h. in einer Karte dargestellt werden:

	Kartographische Gestaltungsmittel	Erläuterung	Beispiel
Punkt	Lagepunkt	kennzeichnet die Lage eines punkthaften Objektes	• Staffelberg
Punkt	Mengenpunkt	gibt eine bestimmte Mengeneinheit an (Summe der Punkte x Mengeneinheit = Gesamtmenge	• = 100 Studenten
Punkt	Wertepunkt	bestimmter Wert innerhalb eines Kontinuums	• 539m Höhenpunkt
Linie	Begrenzungslinie	begrenzt flächenhafte und linienhafte Erscheinungen	See
Linie	Mittellinie	zeigt die exakte Mittellage von linienhaften Diskreta	Flusslauf
Linie	Isolinie	verbindet gleiche Werte in einem Kontinuum	250 Isohypsen 240
Fläche	Objektfläche	zeigt Lage und Ausdehnung eines Objektes	Haus
Fläche	Verbreitungsfläche	zeigt Areal, auf dem sich bestimmte Objekte verteilen	Zebras
Fläche	Intervallfläche	Wertestufen in einem Kontinuum	
Fläche	Kartogramm (Flächenkartogramm)	stellt relative Größen auf einer Fläche dar	< 10 EW/km²; 10-50; Einwohnerdichte

ABB 5.2_Kartographische Gestaltungsmittel und ihre Anwendung

5.3.1 Flächenkartogramm und Signaturenkartogramm

DEF_Kartogramm

Das letztgenannte *Kartogramm* meint eine auf Zahlenwerten beruhende zeichnerische Darstellung. Bei Kartogrammen wird unterschieden zwischen

- dem gerade vorgestellten **Flächenkartogramm** zur Darstellung quantitativer flächenhafter Sachverhalte mit *relativen Zahlen* (z.B. Einwohnerdichte, Anteil der Katholiken in Prozent);
- dem **Signaturenkartogramm** zur Darstellung

1. quantitativer punkthafter Sachverhalte (vgl. HAKE et al. (2002), Abb. 122 unter „Quantitätsangabe“) sowie

2. ähnlich dem Flächenkartogramm quantitativer flächenhafter Sachverhalte, aber mit *absoluten Zahlen* (z.B. durch Kreissignaturendiagramme); Signaturenkartogramme lassen sich im Gegensatz zu den ‚ortsfesten‘ punkthaften Signaturen (z.B. EW-Zahl einer Stadt) in der zugehörigen Fläche verschieben (ABB 5.3); und zuletzt dem

- **Bandkartogramm** zur Darstellung quantitativ-linearer Sachverhalte.

ANM

Kreissignaturendiagramme gehören zu den Kartodiagrammen, Diagramme innerhalb eines Kartogramms.

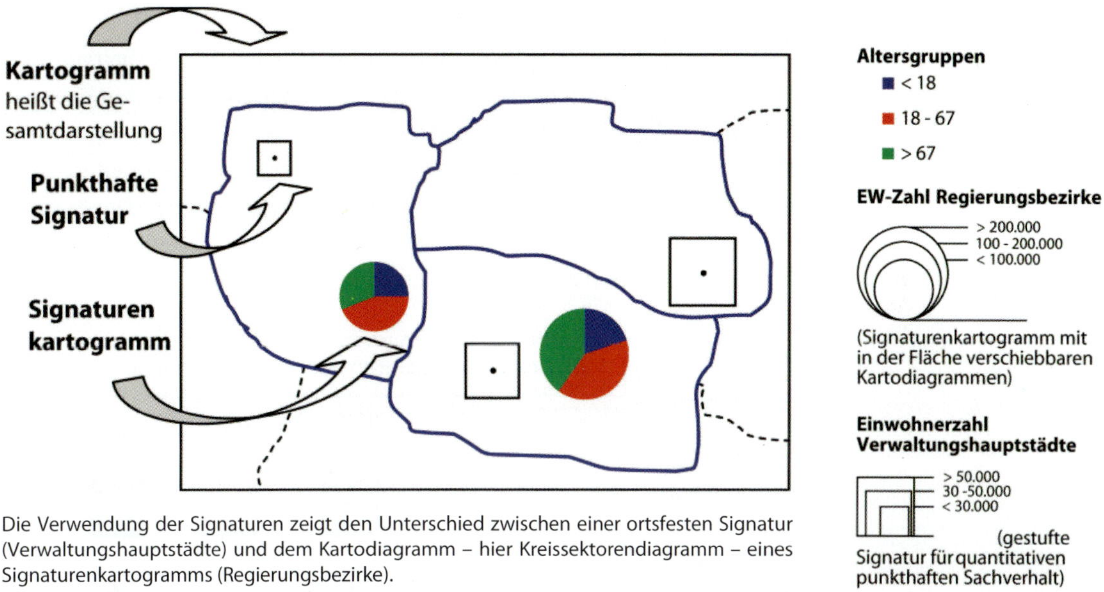

Die Verwendung der Signaturen zeigt den Unterschied zwischen einer ortsfesten Signatur (Verwaltungshauptstädte) und dem Kartodiagramm – hier Kreissektorendiagramm – eines Signaturenkartogramms (Regierungsbezirke).

ABB 5.3_Beispiel Thematische Karte
Einwohnerzahl von Regierungsbezirken, aufgeschlüsselt nach Anteil der Altersgruppen (< 18 | 18 – 67 | > 67), sowie Einwohnerzahl ihrer Verwaltungshauptstädte

Anders gesagt …

Das Flächenkartogramm stellt relative Größen auf einer Fläche dar, indem die *Fläche (!)* selbst schraffiert, eingefärbt oder anderweitig gemustert wird. Das Signaturenkartogramm stellt gleichermaßen flächenhafte, quantitative Sachverhalte dar, indem absolute und eine Fläche betreffende Größen in Form einer *Signatur (!)* frei auf der zugehörigen Fläche eingefügt werden.

MERKE

Flächenkartogramm
vs.
Signaturenkartogramm

Das nachfolgende Unterkapitel soll klären, welche Signaturen denkbar, welche von ihnen gebräuchlich sind und mit welchen Techniken sie variiert werden können.

5.3.2 Signaturen und ihre Variationsmöglichkeiten

Denkbar sind prinzipiell alle Signaturen. Wer eine Thematische Karte erstellt, dem ist freigestellt, welche Signatur für welchen Sachverhalt verwendet werden soll. Dabei wird entscheidend sein, welche Kombination aus Sachverhalt und Signatur besonders gute Assoziationen hervorruft und damit auch für andere Kartennutzer einen schnellen Zugang garantiert.

Signaturen können variiert werden. Zum Einen, um unterschiedliche Sachverhalte voneinander abzugrenzen (z.B. Energieerzeugung aus Braunkohle, Steinkohle, Windnutzung, Solarstrahlung oder Gezeitenkraft) – das betrifft die Qualität eines Sachverhaltes. Zum Anderen, um quantitative Unterschiede bezüglich eines einzigen Sachverhaltes zum Ausdruck zu bringen (z.B. die räumlichen Disparitäten in der Energieerzeugung durch Windkraft).

Die Variationsmöglichkeiten betreffen bei qualitativen Sachverhalten *Form oder Farbe*, bei quantitativen Sachverhalten dagegen *Größe und Tonwert (auch Füllung oder Farbe)* des Objekts. Die Größenänderung der Signaturen findet dabei stetig, gestuft oder durch Angabe von Werteeinheiten statt. ABB 5.4 zeigt dies zunächst in vereinfachter, schematischer Darstellung, entsprechende Abbildungen z.B. bei KOHLSTOCK (2004: 81) und HAKE et al. (2002: 122) ergänzen die Theorie um anschauliche Beispiele.

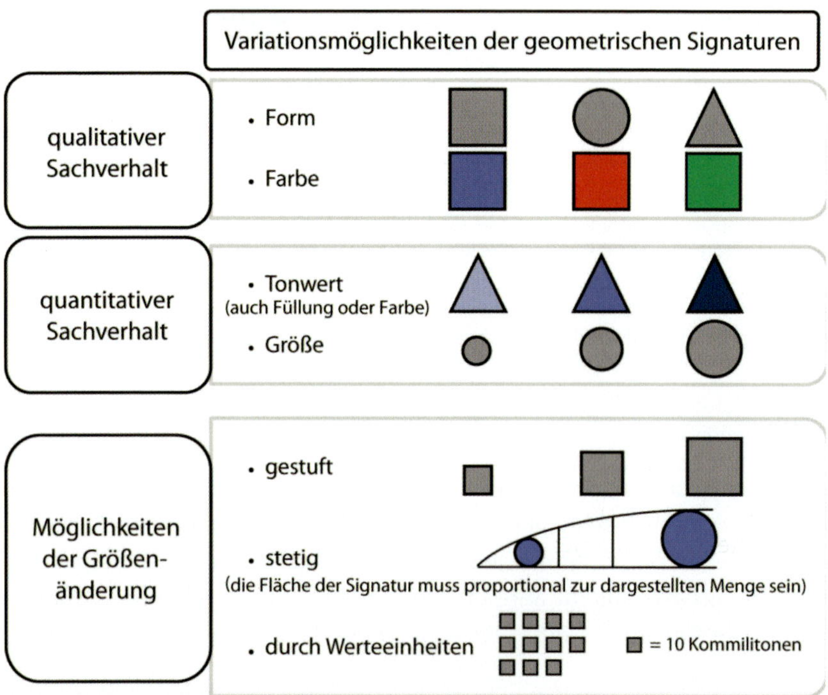

ABB 5.4_Variationsmöglichkeiten der geometrischen Signaturen, Möglichkeiten der Größenänderung

Flächenfüllungen wurden gerade als veränderbare Komponente sowohl von qualitativen, als auch von quantitativen Sachverhalten genannt. ABB 5.5 führt beide Richtungen der Variation vor.

HAKE et al. (2002: 122) zeigen in einer Abbildung einerseits beispielhafte Signaturen für Objekte jeder Eigenschaft. Zum anderen erweitert sie die Möglichkeiten der Größenänderung um die Dimension ‚Objekt-*Verbreitung*' (punkt-, linien- oder flächenhaft): Beispiele für Signaturen-, Bänder- und Flächenkartogramme.

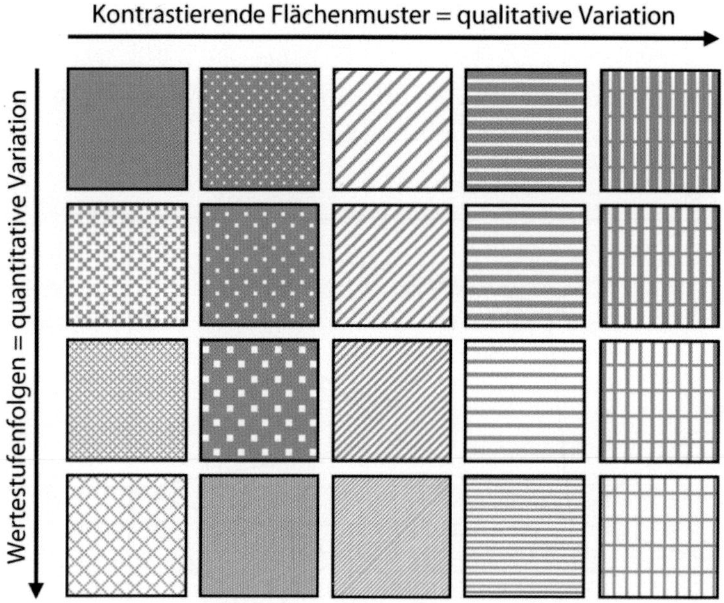

ABB 5.5_Variationsmöglichkeiten der Flächenfüllungen – qualitativ und quantitativ

Mit den voranstehenden Erläuterungen sind alle denkbaren Diskreta kartographisch visualisierbar. Und das Kontinuum?

5.3.3 Darstellung eines Kontinuums: Der Kotenplan

Als Letztes bleibt noch die Frage zu klären, wie sich ein Kontinuum darstellen lässt. Antwort: Mit Isolinien! Sie verbinden Punkte gleicher Werte. Isolinien bieten drei Vorzüge:

- Sie geben einen schnellen Überblick über den Verlauf des Kontinuums,
- sie lassen relativ exakte Aussagen über abseits der Linien gelegene Punkte zu und
- sie belasten das Kartenbild nur geringfügig.

Konstruktion von Isolinien mittels **Interpolation**

Isolinien werden durch Interpolation von vereinzelten Messdaten konstruiert. Schritt 1: Benachbarte Messpunkte werden verbunden. Schritt 2: Die Differenz ihrer Werte wird auf die Länge der verbindenden Gerade umgerechnet und jeder dazwischen liegende ‚glatte' 10er-Wert oder 20er-Wert markiert sowie beschriftet. Schritt 3: Die ‚glatten' Werte sind – vielleicht auch mit verschiedenen Farben – zu verbinden.

Das Relief einer Landschaft kann hier als gutes Beispiel dienen. In Kapitel 4.5 haben wir die Isohypsen (Höhenlinien) als Möglichkeit der Reliefdarstellung behandelt, wie sie auf den meisten Karten heutzutage verwendet wird. Isohypsen verbinden Punkte gleicher Höhe. Ihr Gesamtbild heißt **Kotenplan** und wird mittels Interpolation erstellt. Dazu müssen benachbarte Punkte (nicht über Kreuz!) verbunden und entweder mit Taschenrechner oder „Pi mal Daumen" die Vielfache der Äquidistanz eingetragen werden, z.B. alle vollen Zehner-Meter bei einer Äquidistanz von 10m, alle vollen Zwanziger-Meter bei einer Äquidistanz von 20m usf. Punkte gleicher Werte/Höhe sind anschließend mit verschiedenen Farben zu verbinden).

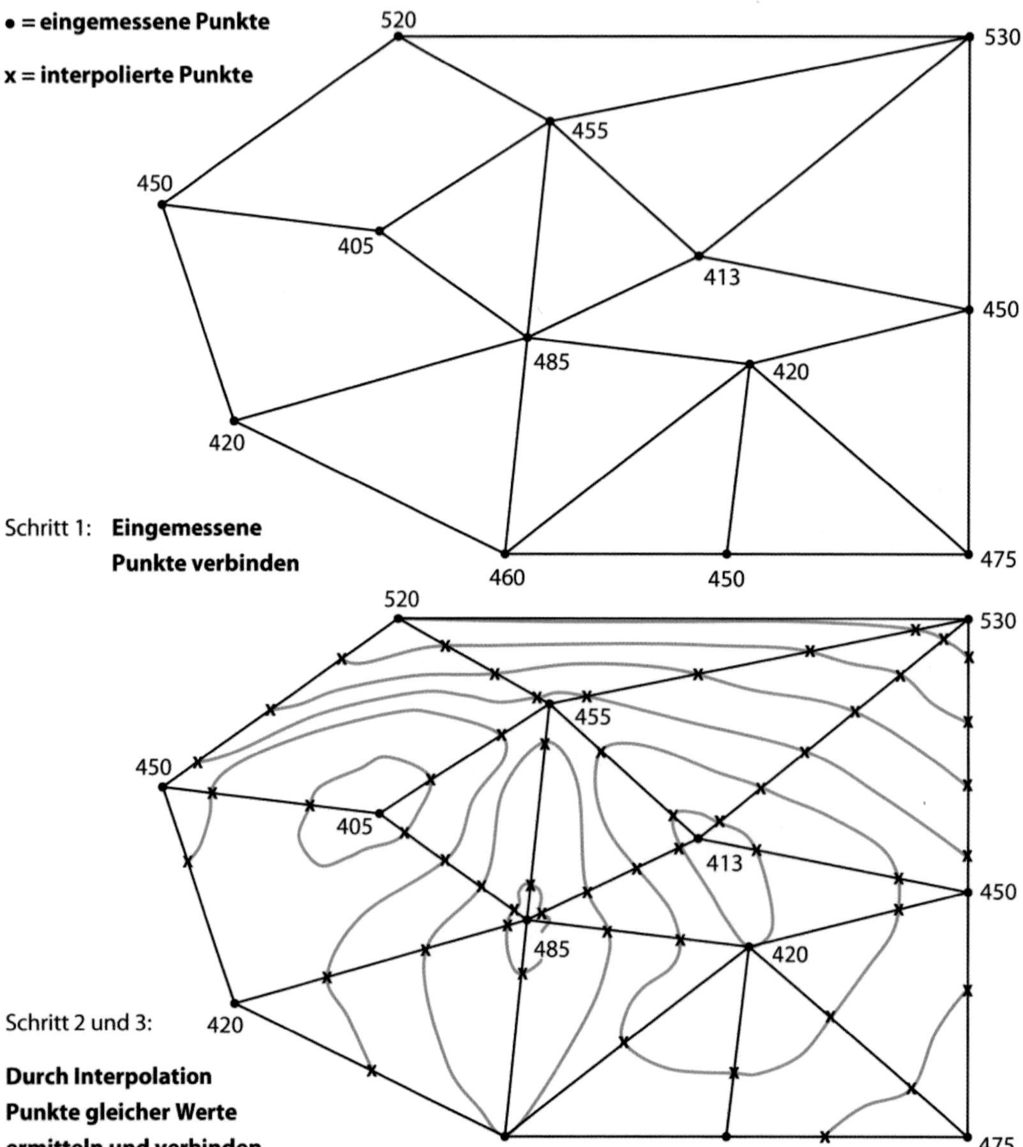

ABB 5.6_Darstellung eines Kontinuums durch Konstruktion von Isolinien am Beispiel Kotenplan, Äquidistanz = 20 m

Verständnisfragen

V.5.1 Was sind thematische Karten? Was wird in thematischen Karten dargestellt?

V.5.2 Geben Sie je ein Beispiel für ein qualitatives/quantitatives Diskretum und Kontinuum (flächenhaft, punkthaft, linienhaft).

V.5.3 Welche Kartographischen Gestaltungsmittel gibt es?

V.5.4 Wonach kann man thematische Karten einteilen?

V.5.5 Welche Bedingung gilt für die topographische Kartengrundlage einer thematischen Karte?

6 Geschichte der Kartographie

In den voranstehenden Kapiteln wurden einige wenige kartographische Neuerungen, Entdeckungen und Überlegungen in ihrer historischen Entwicklung beleuchtet. In den nachfolgenden Unterkapiteln soll ein chronologischer Abriss über die Geschichte der Kartographie gegeben werden.

6.1 Die Frühzeit der „Kartographie“: bis ca. 500 v.Chr.

ANM

Der Begriff *Kartographie* erscheint erstmals 1840 im *Bulletin* der geographischen Gesellschaft in Paris. Für die Epochen zuvor wird er im nebenstehenden Fließtext deshalb gesondert als konstruiert hervorgehoben.

Höhlenzeichnungen sind bereits aus dem Paläolithikum bekannt, erste Felszeichnungen stammen aus dem dritten bis zweiten Jahrtausend vor Christus. **Wegekarten** dienten der Lagebeschreibung. Den genannten Darstellungen fehlt aber noch jede mathematische Grundlage, als dass sie hätten besonders präzise sein können. Überdies wird nur die bekannte, nähere Umgebung dargestellt. Die Kugelgestalt der Erde war noch nicht erforscht.

6.2 Die erste Blütezeit der „Kartographie“ in der Antike: ca. 500 v. bis 400 n.Chr.

Antike und Spätantike waren die Zeit der Philosophen, die bald die Kugelgestalt der Erde entdecken. Eratosthenes führt eine der ersten geodätischen Messungen durch (vgl. ABB 2.5). **Ptolemäus** (ca. 100 – 180 n. Chr.) entwickelt *Vorschriften zur Abbildung der irdischen Kugelgestalt in die Ebene* und begründet damit die Projektionslehre. Die nach seinen Angaben konstruierten Weltkarten bilden die Basis für ein geographisches Referenzsystem, dessen Grundlagen seitdem Bestand haben (vgl. SCHNEIDER 2006: 14). Letzteres meint die Entscheidung, den **Äquator als Null-Breitengrad** zu verwenden, nämlich unter Berufung auf seine Vorgänger, die den Äquator bei der Beobachtung der Himmelskörper und ihrer Bewegungen aus der Natur abgeleitet haben. Den Urmeridian, den **Null-Längengrad**, durch Madeira vor der Nordwestküste Afrikas (Kanarische Inseln = die Inseln der Glückseligen) zu legen, ist seine eigene freie Wahl. Spätere Kartographen verschieben den Nullmeridian viele Male: auf die Azoren und die Kapverdischen Inseln; er wird durch Rom gelegt, durch Kopenhagen, Jerusalem, St. Petersburg, Pisa, Paris und Philadelphia; zuletzt ist und bleibt er auf Greenwich ausgerichtet, auf die Königliche Sternwarte von Greenwich, einem Vorort westlich von London (vgl. SOBEL 2008: 12). Er „verläuft genau durch den Hof der alten

Frühere Nullmeridiane einiger Länder sind bei WILHELMY (1975: 42 – Kap. 1) zusammengetragen.

Königlichen Sternwarte. Nachts wird die glasbedeckte Meridianlinie von unten angestrahlt, so daß sie wie ein künstlicher Ozeangraben leuchtet, der den Globus mit derselben Autorität in zwei gleich große Hälften spaltet wie der Äquator" (SOBEL 2008: 217).

Die auf der ptolemäischen Projektion entstehenden Karten zeigen das bekannte, nicht ganz vollständige Weltbild der damaligen Zeit. Unter Entdeckern, Machtinhabern oder Missionaren zählen sie zu den begehrtesten Waren. Denn *wer eine Landkarte besitzt, besitzt auch das Land* (vgl. MENG 2008: 3). Dass der Besitz von Karten in der Antike stark mit Privilegien und Überlegenheit verbunden ist, klärt eine Auflistung der Eigenschaften von Karten in der gesamten und ziemlich lang andauernden „Prä-Digital-Ära" (ebd.):

1. **Visualisierung ober- wie unterirdischer Geoinformationen** (ein viel bemühtes Beispiel ist eine nubische Goldminenkarte, entstanden 1300 v. Chr. – vgl. Abb. in HAKE et al. 2002: 531);
2. **Lückenlosigkeit** in Erdteilen, die *terra incognita* oder auch nur ungenau vermessen sind – Illustrationen und Figuren biblischer wie mythologischer Art, Landschaftsbilder und Ähnliches ersetzt die Grauzonen;
3. Metapher, um **ideologische Standpunkte** zu vermitteln – dazu zählen Ereignisse und Konfrontationen in Gesellschaft, Politik und Kultur.

6.3 Die „Kartographie" des Mittelalters: 400 bis 1475

Religion und Mystizismus prägen die mittelalterlichen Erdvorstellungen und damit auch das abbildende Kartenmaterial. Zudem ist das **Wissen um die Erde als Kugel vergessen** und schlummert in Bibliotheken. Die Erde wird als Scheibe dargestellt – oft in der sogenannten O-T-Darstellung: Asien liegt oben, Afrika rechts unten und Europa links unten, umrahmt von einem „O", getrennt durch ein „T" (siehe Randspalte).

ABB 6.1_O-T-Darstellung
Ein Originalscan findet sich auf der Homepage der Universität Passau (Philosophische Fakultät)

Für die Seefahrt werden Portulankarten hergestellt, die Beschreibungen für die Navigation zwischen den Häfen enthalten und auf denen Windstrahlen eingetragen sind.

Ein kleiner Exkurs: Was sind **Portulankarten?**

„Portulane sind alte Seekarten, zu denen ursprünglich auch Schifferhandbücher und Navigationstabellen gehörten. Diese Seekarten ergänzten als wichtige Orientierungshilfe die schriftlichen Segelanweisungen. Unter Vernachlässigung des Binnenlandes sind die Küsten mit allen für die Schifffahrt notwendigen Angaben, wie Häfen, Ankerplätzen, Untiefen usw. wiedergegeben. Die Karten sind von einem Netz von Linien überzogen, die strahlenförmig in die Richtungen der Kompassrose verlaufen: sie dienten zur Bestimmung des Segelkurses. Eines der größten Verdienste der Portulankarten seit ihren Anfängen war die Korrektur der traditionell übertriebenen Ausdehnung des Mittelmeeres" (http://webdoc.sub.gwdg.de/ebook/q/2003/Karten/html/kapitel4_16.htm).

Eine Portulankarte des Mittelmeeres u. Mitteleuropas von 1525/30 findet sich auf dem Dokumentenserver der Georg-August-Universität Göttingen unter...

http://webdoc.sub.gwdg.de/ebook/q/2003/Karten/html/kapitel4_16.htm

Mit seiner gesüdeten Weltkarte von 1459 steht der Mönch **Fra Mauro**, der auf der Insel Murano vor Venedig lebt, bereits mit einem Fuß in der Kartographie der Neuzeit: „Mit ihm endet die mittelalterliche Kartenproduktion, die in Klöstern von ortsgebundenen Mönchen seit Jahrhunderten gepflegt und tradiert wurde“ (vgl. SCHNEIDER 2006: 16). Auf seine intensive Auseinandersetzung mit der Kugelgestalt der Erde folgt die Verschiebung Jerusalems aus dem Kartenzentrum nach Westen. Dass Mauros Weltkarte als eine Auftragsarbeit für den portugiesischen König Alfons V. entsteht, ist Zeugnis noch einer anderen neuzeitlichen Tendenz: **Kartographie** wird zu einer **staatlich bzw. monarchisch geförderten Profession**. So wird Mauro für seine Arbeit mit den wichtigsten und neuesten Erkenntnissen versorgt, die ansonsten bereits gewissen Geheimhaltungsvorschriften unterliegen. Im Expansionsstreben Spaniens und Portugals bedeuten geographische Kenntnisse Machtausbau, weil sie mit strategischen, politischen und wirtschaftlichen Vorteilen und Zielen verbunden sind (vgl. ebd.).

Für die Konstituierung moderner Staaten wird der Raum, das Territorium, zur maßgeblichen Organisationgrundlage, eine **Politisierung und Institutionalisierung der Kartographie** (wie schon bei Mauro) unumgänglich. Wie viele europäische Herrscher beauftragt Ludwig XIV. (1661 – 1715) Geographen und Landvermesser mit einer kartographischen Aufnahme seines Landes und war schockiert, dass es kleiner war als erwartet: Als ihm „eine revidierte Landkarte von Frankreich vorgelegt wurde, die auf korrekten Längengradmessungen beruhte, soll er sich beklagt haben, daß er mehr Land an seine Astronomen verloren habe als an seine Feinde“ (SOBEL 2008: 40). Auf dieser Grundlage (Landesaufnahme) beginnen Könige, den „politischen und sozialen Raum einer zukünftigen Nation zu entwerfen“ (SCHNEIDER 2006: 18). Tatsächlich scheinen die Monarchen von der Vorstellung geleitet worden zu sein, mit der Karte zugleich das Territorium zu besitzen; zahlreiche Gemälde, die Monarchen mit Karten, Weltkugel und Vermessungsinstrument zeigen, unterstreichen diesen Zusammenhang zwischen Territorium, Kartenbesitz und Macht, den Staatshäupter auch heute noch medial intendieren, wenn sie vor Land- oder Weltkarten und Globen auftreten (vgl. ebd.). Die Landvermesser bedienen sich zur Längenbestimmung der Methode nach Galilei (1564 – 1642), der zu diesem Zweck die Verfinsterungen der Jupitermonde tabellarisch festgehalten hat; sie sind heute nach ihm benannt. Sein Verfahren wird nach 1650 – wenngleich nur zur Längenbestimmung auf dem Festland – allgemein akzeptiert und erringt auf dem Gebiet der Kartographie „ihren ersten großen Triumph. Auf älteren Karten waren die Entfernungen zwischen den Kontinenten zu gering, einzelne Länder übertrieben groß dargestellt. Unter Zuhilfenahme der Himmelskörper konnten nun die Dimensionen der Erde korrekt wiedergegeben werden“ (SOBEL 2008: 40).

6.4 Die „Kartographie" der Renaissance und des Entdeckungszeitalters: 1475 bis 1570

Entdeckungszeitalter heißen nicht grundlos wie sie heißen: Die Entwicklung der Buchdruckerkunst, die „Wiederentdeckung" und „Renaissance" der irdischen Kugelgestalt (Beweis durch Magellan) und die Entdeckungen im 15. Jahrhundert (Kolumbus) erweitern und verbreiten das bekannte Erdbild. Als Folge wird im Jahr 1492 durch den Nürnberger **Martin Behaim** der **erste Globus** geschaffen, der in seiner ersten Auflage allerdings noch ohne Amerika erschien. Kolumbus war noch nicht zurück.

Die Projektionslehre des Claudios Ptolemaios (Ptolemäus) steht Pate für die Karten der Frühen Neuzeit. Seine Errungenschaften beeinflussen die Kartographie und das Weltbild der nächsten Jahrhunderte.

6.5 Die Zeit der frühen Atlas- und Regional-„Kartographie": 1570 bis 1700

Mit dem Ende des 16. Jahrhunderts werden – gerade in den Niederlanden mit großem kommerziellem Erfolg – die ersten Weltatlanten veröffentlicht.

Hintergrund zur *niederländischen Periode der Kartographie*:

„Kartographiehistoriker nennen die Zeit von ca. 1550 bis ca. 1675 das ‚goldene Zeitalter der niederländischen Kartographie' oder die ‚niederländische Periode der Kartographie'. Dieser ‚Ehrentitel' bezieht sich nur auf die Beherrschung der kommerziellen Kartographie durch die Niederlande. In dieser Periode wurden regionale Karten hoher Qualität auch anderswo in Europa hergestellt, aber nicht weltweit gehandelt in demselben Maß wie die niederländischen. Auch nach ca. 1675 noch, als die französischen Kartographen mit neueren und moderneren Vermessungstechniken in den Vordergrund der Kartenzeichnung traten, beherrschten die Niederländer weiterhin den internationalen Kartenhandel" (www.phil.uni-passau.de/histhw/tutcarto/deutsch2/4-6-de.html, 18.01.2010).

Das „goldene Zeitalter der niederländischen Kartographie" oder die „niederländische Periode der Kartographie" mit den Kartographen Ortelius, Mercator, Blaeu.

Als Beispiele für **Weltatlanten** sei auf zwei Karten aus den Atlanten von Gerhard **Mercator** (1594) und Willem Janszoon **Blaeu** (oder auch Guilielmus Blaeuw; Blaeuw-Atlas veröffentlicht in 1634) verwiesen, die u.a. auf der Hompage der Uni Passau (Philosophische Fakultät) hinterlegt sind.

Die Kleinstaaterei erfordert bald schon präzise Darstellungen kleiner Erdausschnitte. Es werden großmaßstäbige Karten erstellt, so z.B.

- die Bayerischen Landtafeln nach Philipp Apian und
- Anfang des 17. Jahrhunderts die Württemberger Landtafeln nach Wilhelm Schickardt –

beide ca. im Maßstab 1 : 140.000!

6.6 Die „Kartographie" der Aufklärung: 1700 bis 1850

„Die fieberhafte Suche nach einer Lösung für das Problem der Längengradbestimmung dauerte vier Jahrhunderte und erfaßte ganz Europa. [...] In Paris, London und Berlin wurden königliche Sternwarten eigens zu diesem Zweck errichtet, das Längengradproblem zu lösen. [...] Bei ihren Bemühungen um den Längengrad stießen Naturwissenschaftler auf andere Entdeckungen, die ihre Sicht des Universums veränderten. Dazu gehören die erste Berechnung des Gewichts der Erde, der Entfernung der Gestirne und auch die der Lichtgeschwindigkeit" (SOBEL 2008: 16f.).

Überhaupt: Die naturwissenschaftlichen Beobachtungen und Messungen sowie die Klassifizierung ihrer Ergebnisse etablieren wissenschaftliche Standards, mit denen sich die gesamte Weltanschauung von den allein religiösen Deutungssystemen abwendet (vgl. SCHNEIDER 2006: 66).

Am 8. April 1714 wird der *Longitude Act* verabschiedet, in dem für eine Lösung des Längengradproblems drei Prämien ausgeschrieben werden:

- 20.000 Pfund Sterling (für heutige Begriffe mehrere Millionen Euro) für eine Methode zur Ermittlung der geographischen Länge bei einer Abweichung von höchstens einem halben Grad bei einer sechswöchigen Probe-Seefahrt von England zur Karibik;
- 15.000 Pfund Sterling bei einer Abweichung von zwei Drittel Grad;
- 10.000 Pfund bei einer Abweichung von maximal einem Grad.

Die eingereichten Vorschläge beurteilt eine mit Experten besetzte Jury, der sogenannte *Board of Longitude*, vielleicht „die erste staatliche Forschungs- und Entwicklungsbehörde der Welt" (SOBEL 2008: 75). Schließlich stehen sich nur noch die Vertreter zweier Lösungsmodelle gegenüber.

Den Preis erhält 1773 John Harrison, ein Uhrenmacher, für die Erfindung und Herstellung einer Uhr, mit deren Hilfe die Uhrzeit am Abfahrtsort auch auf hohe See und gegen alle widrigen Umstände mitgenommen werden kann. Der Vergleich zur tatsächlichen Uhrzeit (Sonnenstand) wird mit der Längengraddifferenz zwischen ursprünglichem und aktuellem Standort korreliert.

John Cooks Reise in den Pazifik (1768-1771) erprobt die Uhr mit anderen auf ihre Tauglichkeit. Und sie taugt!

1884: Auf der Internationalen Meridiankonferenz in Washington, D.C., erklären Vertreter von 26 Nationen den **Längengrad von Greenwich** zum **internationalen Nullmeridian** – die Franzosen orientieren sich noch bis 1911 am Meridian des Pariser Observatoriums, das etwas über zwei Grad östlich von Greenwich liegt (vgl. SOBEL 2008: 220).

Die methodischen und technischen Grundlagen für eine moderne Kartographie stehen bereit:

- exakte Vermessung der Erde in Kugelgestalt und als Rotationsellipsoid,
- barometrische und trigonometrische Höhenmessung,
- sphärisches Netz geographischer Koordinaten mit noch unterschiedlichen Nullmeridianen,
- Vermessung im Gelände am Messtisch,
- Schraffen als quantitatives Geländedarstellungsmittel sowie
- Herstellung von Karten in größerem Maßstab (Regionalkarten).

Der Begriff „Kartographie" erscheint 1840 erstmals im „Bulletin" der geographischen Gesellschaft in Paris.

6.7 Analoge Moderne Kartographie: 1850 bis 1980

Mitte des 19. Jahrhunderts beginnt die systematische Kartierung des Landes (**Landesaufnahme**) im Maßstab 1 : 25.000. Im Jahr 1879 wird für Deutschland Normal Null (NN) als einheitliche Bezugsfläche festgelegt. Mit der Etablierung von Erdkunde als Schulfach im 19.Jh. entwickeln sich privatkartographische Anstalten (Perthes, Westermann). Die Thematische Kartographie entsteht, ein amtliches Vermessungswesen entwickelt sich und die Kartenerstellung wird durch Luftbild-Photogrammetrie unterstürzt – die Geburtsstunde der **Fernerkundung**. Für die technische Kartographie sind photochemische Produktions- und Reproduktionstechniken bis in die 1970er Jahre vorherrschend (vgl. MENG 2008: 5). Mit dem Computer Verfahren vereinfacht, Kosten reduziert und Geoinformationen allgegenwärtig...

6.8 Digitale Moderne Kartographie: 1980er Jahre

Mit der Digitalisierung auch der Kartographie ab 1980 kann auch von Computerkartographie gesprochen werden, die im eigentlichen Sinne die Herstellung von Karten durch Grafikprogramme (Desktop-Mapping) meint, z.B. AutoCAD (computer aided design). Seither entstehen immer mehr **Geo-Informationssysteme** (kurz: GIS), Systeme zur Erfassung, Speicherung, Bereitstellung, Bearbeitung und Darstellung räumlich verteilter Geometrie- und Sachdaten unter Anwendung digitaler Technologien. Computeralgorithmische Untersuchungen automatisieren einzelne kartographische Prozesse und sparen so Zeit, Geld, Fehler, Nerven. GIS-Programme (z.B. ATKIS, ArcGIS) dienen weniger der Kartenherstellung als der räumlichen Analyse.

6.9 Digital & World Wide: Webkartographie ab 1990

Seit den 1990er Jahren kann jeder Internetnutzer via Kabel und Funk auf Geoinformationen im WorldWideWeb zugreifen. Anders gewendet: Die

Internetkartographie hält Einzug in das Alltagsleben jedes Menschen, der online ist. Der kabellose Zugang ins Netz (wireless web, WLAN) hat zu Beginn des neuen Jahrtausends eine **mobile Kartographie** erschaffen, die das Generieren und Nutzen von Geoinformationen überall und zu jeder Zeit ermöglicht. Jedes größere Handy ist imstande, seinem Besitzer Zugang in eine web-wide world zu verschaffen und damit in ein Portal, das jede gewünschte Art raumbezogener Informationen liefern kann. Jedes Navi empfängt Funksignale zur Verortung. Dabei muss klar sein, dass eine Funkübertragung nicht nur eine Sender-Empfänger-Einbahnstraße ist. Handy und Navi senden überall und ständig Signale, die geortet und mit Hilfe derer auch Tracks/Routen über ein ganz persönliches Verhalten (tägliche Routenmuster) nachvollzogen und gespeichert werden können. Derartige Überlegungen haben in Diskussionen um Datenschutzverletzungen durch Internetdienste noch keinen wahrnehmbaren Niederschlag gefunden.

7 Kleines Aufsatzsymposium aus Theorie und Praxis

7.1 Karten im Informationszeitalter (Möller)

von Prof. Dr. Matthias Möller

Die Karte ist *das Medium* der Geographen. Wenn Geographen Informationen austauschen, dann „geokommunizieren" sie, denn es handelt sich immer um Rauminformationen, die einen direkten Lagebezug aufweisen. Deshalb ist die Karte – so wie das geschriebene Wort bei allen Menschen – das Kommunikationsmedium der Geographen. Dabei ist es eine Wissenschaft (und Kunst), die Rauminformation so aufzubereiten und graphisch darzustellen, dass der Kartenleser schnell und exakt genau die Informationen erfasst, die der Kartenautor weitergeben will.

Mit modernen, digitalen, Computer-gestützten Programmen können Karten beinahe genauso schnell und einfach hergestellt werden wie es möglich ist, einen Text in ein Office Programm zu tippen. Wenn man diesen Vergleich weiterverfolgt, dann sagt die bloße Herstellung einer Karte nicht sehr viel über die Qualität derselben aus. Denn in der Karte müssen die Objekte zunächst in eine sinnvolle und ansprechende Ordnung gebracht werden, genau wie die Buchstaben zu Wörtern und dann zu Sätzen im Textprogramm werden. War es früher äußerst aufwändig und langwierig, eine gute Karte von Hand zu zeichnen, so können Karten heute sehr schnell und einfach am Computerbildschirm in beliebiger Auflage hergestellt werden.

So wie es zu einem ansprechenden, gut lesbaren und das essentiell Wichtige vermittelnden Text gehört, dass er frei von orographischen und Interpunktionsfehlern ist, die Größe der Buchstaben, der Zeilenabstand und das Gesamtlayout des Dokuments passend sind, hat auch das Kartenlayout besondere Ansprüche. Geographen nutzen spezielle Computerprogramme, gemeint sind hier Geographische Informationssysteme (GIS), die es erlauben, raumbezogene Daten zu analysieren und das Ergebnis der Auswertung thematisch - kartographisch darzustellen. Dabei machen es die GIS-Programme dem Nutzer sehr leicht, was die Kartengestaltung angeht; so werden Vorlagen angeboten, in die der Nutzer seinen Rauminhalt nur noch einfügen muss. Das Layout sieht oberflächlich betrachtet beeindruckend aus, kommt einer professionellen Karte von der Aufmachung her – vermeintlich – schon recht nahe. Um aus diesen Vorlagen dann Karten zu machen braucht es auch nicht zwingend einen Geographen. Das Ergebnis ist in der Regel dann aber enttäuschend, denn die Vermittlung der Karteninformation leidet in den meisten Fällen.

Hier setzt die Arbeit der Geographen ein, denn um eine thematische Karte redaktionell so aufzubereiten, dass sie den Anforderungen an eine professionelle Geovisualisierung gerecht wird, müssen viele Details berücksichtigt werden. Die

Wahl der Projektion (mit ihren jeweiligen Konformitätsbedingungen) ist eine zwingende Überlegung und wichtig ist die Lage und Größe der Kartenobjekte; letztere determiniert den Kartenmaßstab. In einer Choroplethenkarte ist eine sinnvolle Klassifizierung der Objekte in repräsentative Gruppen ggf. notwendig und dann eine wichtige und äußerst verantwortungsvolle Aufgabe des Autors. Mehrschichtige, thematische Karten können komplexe Sachverhalte darstellen, aber wie sind diese Inhalte dann noch am Bildschirm schnell und eindeutig wahrnehmbar? Muss der Nutzer erst umständlich in die Karte hineinzoomen, bis er zu seiner Information kommt? Neben diesen formalen Parametern sind aber auch Farbgestaltung, die Wahl der Symbole, Signaturen, die Legendengestaltung und Textelemente (mit der optimalen Schriftart) Grundüberlegungen, die *vor der eigentlichen praktischen Kartengestaltung* stehen müssen und in ihrer Komplexität nicht annähernd von Computer GIS-Programmen abgedeckt werden können.

Geht die Überlegung weiter in Richtung mobile, Internet-gestützte Kartographie, beispielsweise auf einem Smartphone mit einem extrem kleinen, dafür aber kapazitiven Bildschirm, so sind die physikalischen Auflösungen der Karte bei unterschiedlichen Zoomstufen eine primäre Überlegung. Wenn Karteninhalte mobil weitergegeben werden, dann kommen in der Regel Standards zum Einsatz, die aus den eigentlichen Geodaten, die auf einem Server liegen, nach den Vorgaben des Kartographen digitale Karten erzeugen und diese dann über mobiles Internet an den Nutzer weitergeben. Gemeint ist hier Web Mapping oder der Web Mapping Standard (WMS), der den gewünschten Kartenausschnitt als ein einfaches Bild an das Smartphone liefert; hier muss die Dateigröße des Bildes klein sein, damit es bei begrenzter Bandbreite über Mobilfunk schnell geliefert wird. Das heißt dann aber im Umkehrschluss, dass die Komplexität der Karte zwangsläufig eingeschränkt ist.

An digital arbeitende Kartographen, und das sind wir heute fast ausnahmslos, werden also neben den Ansprüchen der klassischen Kartographie weitaus mehr und höherwertige Anforderungen gestellt. Die klassischen Elemente der Kartengestaltung sind in dem vorliegenden Skriptum sehr detailliert angesprochen und haben selbstverständlich nach wie vor ihre uneingeschränkte Gültigkeit. Bei der Gestaltung moderner Karten fließen aber zusätzlich noch viele weitere Überlegungen ein, die den ganzen Prozess sehr komplex machen, letztlich aber auch ein weitaus höherwertiges Kartenprodukt generieren. Denn verglichen mit einer klassischen, gedruckten Karte beispielsweise aus den 1970er Jahren hat eine kartographische Geovisualisierung, wie sie der Erdbrowser Google Maps ermöglicht, ein deutlich größeres Informationspotential, das direkt auf die Nutzeranforderungen, den derzeitigen Standort und die aktuelle Uhrzeit im Sinne eines multidimensionalen Informationssystems interaktiv reagiert.

Autor

Prof. Dr. Matthias Möller, Geoinformatik und Fernerkundung, Otto-Friedrich-Universität Bamberg, Universität Salzburg

7.2 Die ersten Schritte … Kartographie in der Grundschule (Jahreiß & Günther)

von Dr. Astrid Jahreiß & Carola Günther

(1) Kartographie in der Grundschule?

Brauchen Grundschullehrerinnen und Grundschullehrer eine kartographische Ausbildung während ihres Studiums? Im Primarstufenbereich gibt es doch weder das Fach Geographie noch das Fach Kartographie!

Wertet man die Bildungs- bzw. Lehrpläne für den (Heimat- und) Sachunterricht der Bundesländer nach kartographischen Themenbereichen aus (TAB 7.1) liegt die Antwort auf der Hand: Viele Inhaltsfelder werden bereits in der Grundschule behandelt. Sie sind allerdings im Hinblick auf die Altersgruppe und den Entwicklungsstand der Schülerinnen und Schüler stark vereinfacht.

TAB 7.1_Kartographische Inhalte in den Bildungs- bzw. Lehrplänen der Grundschule exemplarisch ausgewählter Bundesländer

Quelle: aktuelle Bildungs- bzw. Lehrpläne für die Grundschule der ausgewählten Bundesländer

	Projektion / Verebnung	Generalisierung / Vereinfachung	Nordrichtung / Einnorden	Signaturen und Erläuterungen / Kartenzeichen und Legende	Reliefdarstellung / Darstellung von Bergen	maßstäbliche Verkleinerung / Maßstab
Bayern	X	X	X	X	X	X
Niedersachsen	X	X	X	X	O	O
Saarland	O	O	O	O	O	O
Sachsen-Anhalt	X	X	X	O	O	O

X explizit genannt
O nicht explizit genannt, lässt sich aus Textzusammenhang erschließen

(2) Kartographiekurs in der Grundschule

Exemplarisch soll im Folgenden der Kartographiekurs „Einführung in das Kartenverständnis" nach dem bayerischen Grundschullehrplan vorgestellt werden. Er erstreckt sich, systematisch aufgebaut, von der 1. bis zur 4. Klasse. Ziel ist das Anfertigen, Lesen und Verstehen von Karten sowie das Orientieren mit ihnen. Zunächst stehen nur kartenähnliche Darstellungen, später dann Karten im Mittelpunkt des Kurses. Dabei wird der betrachtete Raum vom eigenen Schulhaus über die Schulumgebung zum Schulort bis hin zu Bayern, Deutschland und Europa erweitert. Die Kartendarstellung wird zunehmend komplexer. Wesentliche kartographische Inhalte im Primarstufenbereich werden nun erläutert.

(2.1) Projektion / Verebnung

Kartennetzentwürfe versuchen die kugelähnliche Gestalt der Erde zweidimensional abzubilden. In der Grundschule wird allerdings von einem kleinen Erdausschnitt ausgegangen, der als Raumcontainer wahrgenommen wird, z.B. als Modell des Klassenzimmers oder als Modell der Schulumgebung im Sandkasten. Die Verzerrungsproblematik bei Kartennetzentwürfen spielt somit eine untergeordnete Rolle, im Vordergrund steht die Technik der Projektion zur Verebnung. Die Überführung der dreidimensionalen Situation in die zweidimensionale Darstellung ist für Schülerinnen und Schüler dieser Altersgruppe eine enorme Herausforderung, denn es muss gedanklich ein Perspektivenwechsel von der Seitenansicht in die Draufsicht bzw. Aufsicht vollzogen werden.

ABB 7.1 bis ABB 7.3 zeigen Versuche von Erstklässlern mit unterschiedlichen Vorkenntnissen und Vorerfahrungen, aber noch ohne „Kartographiekurs“, ihr Klassenzimmer (vorrangig Tische und Stühle) „aufs Papier zu bringen“. Aufgabe des kartographischen Anfangsunterrichts ist es, Schülerinnen und Schüler bei ihrem jeweiligen Lernstand abzuholen und den Fokus auf die „Schulung des Blickes von oben“ zu richten. Für den Primarstufenbereich stehen hierzu mehrere Verebnungsmethoden zur Verfügung. Sie sind in ABB 7.4 bis ABB 7.7 am Beispiel der Schulumgebung verdeutlicht.

ABB 7.1_reine Seitenansicht dreidimensionaler Objekte: Tisch mit Stühlen

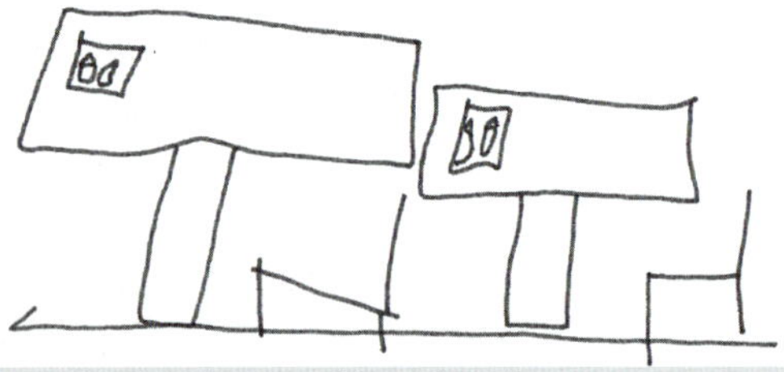

ABB 7.2_Mischform: „gekippte“ Tische

ABB 7.3_erster Projektionsversuch von oben: Tischplatten und Stühle mit zurück geklappter Lehne

ABB 7.4_Objekt mit Stift umfahren

ABB 7.5_Objekt überstäuben

ABB 7.6_Objekt von oben betrachtet auf Glasplatte zeichnen

ABB 7.7_Objekt abdrucken

(2.2) Generalisierung / Vereinfachung

Zweck der Generalisierung ist die gute Lesbarkeit einer Karte. Deshalb wird auf der Karte nach bestimmten Richtlinien z.B. vereinfacht, zusammengefasst oder Unwesentliches ausgelassen. Im „Kartographiekurs der Grundschule“ erfolgt die Vereinfachung nicht auf dem Kartenbild, sondern wird vorgelagert durch die Entwicklung eines dreidimensionalen Raummodells. Beispielhaft zeigt ABB 7.8, dass aus rein praktischen bzw. subjektiven Erwägungen beim Nachbau der Schulumgebung Häuser weder detailgenau noch in der gleichen Anzahl in den Sandkasten gesetzt werden können. Projiziert wird somit bereits die vereinfachte Situation.

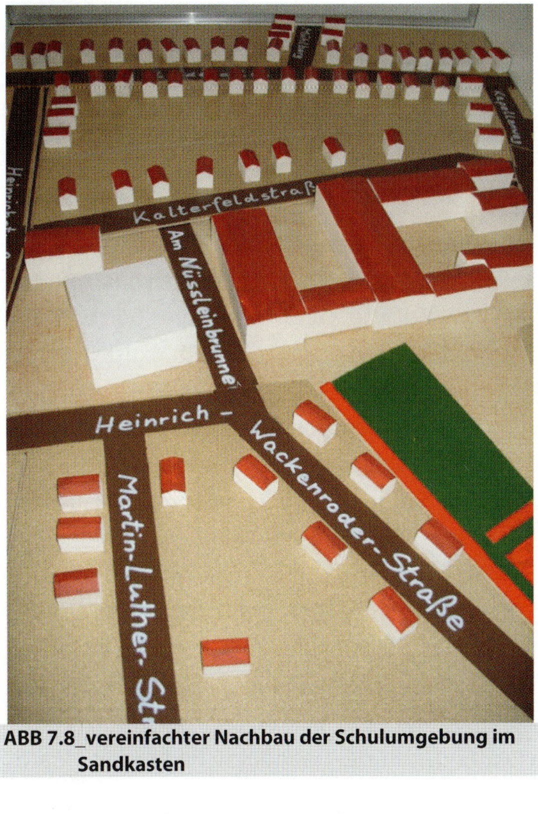

ABB 7.8_vereinfachter Nachbau der Schulumgebung im Sandkasten

(2.3) Nordrichtung / Einnorden

In der Grundschule hat die Unterscheidung und Problematik von „Geographisch Nord“, „Magnetisch Nord“ und „Gitter-Nord“ keine Bedeutung. Hier geht es zunächst um die Einführung von Haupt- und Nebenhimmelsrichtungen. Erst danach ist es sinnvoll, den z.B. im Sandkasten nachgebauten Raumausschnitt mit Hilfe eines Kompasses nach Norden auszurichten. Mit diesem didaktisch-methodischen „Trick“ liegt bei der durch Projektion entstandenen zweidimensionalen Situationsdarstellung Norden dann automatisch oben und es kann der Merksatz „Auf einer Karte ist Norden immer oben“ abgeleitet werden. Die gewonnene Erkenntnis ist die Grundvoraussetzung, um auch im Gelände mit dem Kompass eine Karte einnorden und sich damit orientieren zu können. Mit Orientierungs- und Geländespielen wird dies eingeübt.

(2.4) Signaturen und Erläuterungen / Kartenzeichen und Legende

Signaturen haben eine große Vielfalt an Formen und Variationsmöglichkeiten. Um Grundschülerinnen und Grundschülern die Assoziationen zu erleichtern, konzentriert man sich auf bildhafte Elemente. Geometrische Figuren kommen erst ab der 4. Klasse zum Einsatz. Der Dreischritt „Von der Wirklichkeit über den eigenen Entwurf zum standardisierten Kartenzeichen“ hilft, eine Assoziationskette aufzubauen sowie den Sinn und Zweck normierter Kartenzeichen zu verstehen, die in der Legende erläutert werden. So ist es einfacher, sich die Realsituation, die sich hinter der kartographischen Darstellung verbirgt, vorzustellen.

(2.5) Reliefdarstellung / Darstellung von Bergen

Um das Relief auf einer Karte abzubilden, ist in der Regel die Draufsicht bzw. Aufsicht notwendig. Damit Berge und Täler plastisch wirken, bedient sich die Kartographie mehrerer Möglichkeiten. Im Primarstufenbereich liegt der Fokus auf der Höhenlinien- bzw. Höhenschichtendarstellung, die in der 4. Jahrgangsstufe thematisiert wird. ABB 7.9 bis ABB 7.11 beschreiben die wichtigsten im Unterricht praktizierbaren Wege zur Einführung der Reliefdarstellung mittels Höhenlinien. Der Einsatz dieser Methoden unterstützt

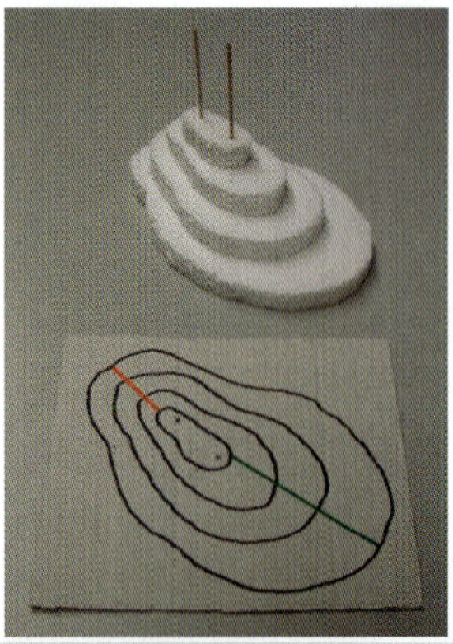

ABB 7.9_Modell eines in Scheiben zerlegbaren Berges

Schülerinnen und Schüler bei der Erkenntnisgewinnung: Je enger die Höhenlinien zusammen liegen, desto steiler ist der Berg. Die Vorstellungskraft der Kinder ist vor allem dann besonders gefordert, wenn aus der abstrakten, zweidimensionalen Darstellung gedanklich das Landschaftsrelief rekonstruiert werden muss. Durch wiederholendes, intensives Üben wird dieser Rekonstruktionsprozess erleichtert.

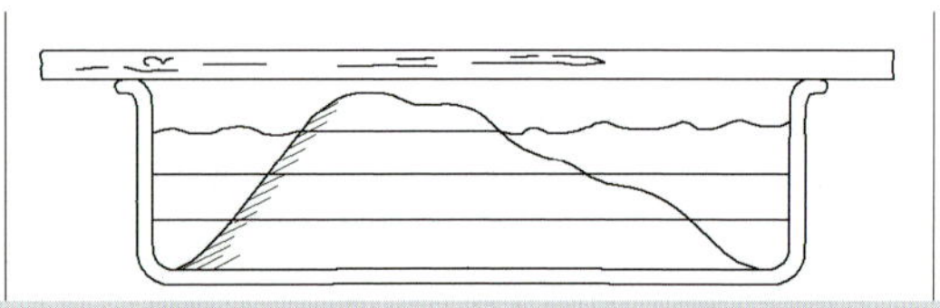

ABB 7.10_Markierung verschiedener Wasserstände am Bergmodell

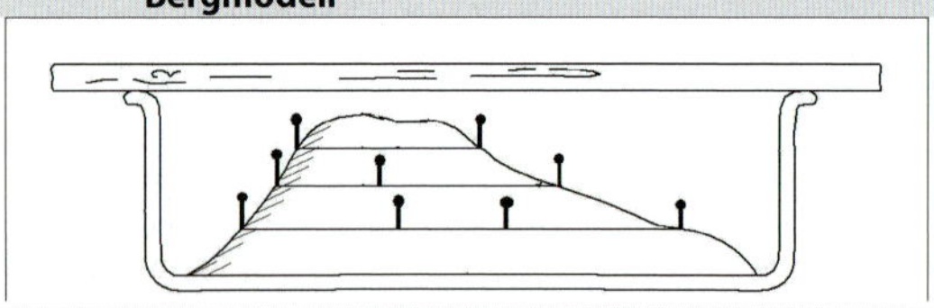

ABB 7.11_mit Schnur und Holzstäbchen gegliederter Berg im Sandkasten

(2.6) Maßstäbliche Verkleinerung / Maßstab

Der Maßstab bezeichnet das lineare Verkleinerungsverhältnis der Karte gegenüber der Natur. Unterrichtlich behandelt wird dieser kartographische Themenkomplex erst in der 4. Klasse, da neben einem guten räumlichen Vorstellungsvermögen auch mathematische Fähigkeiten und Fertigkeiten notwendig sind. Dass die Wirklichkeit auf einer Karte verkleinert abgebildet werden muss, ist den Schülerinnen und Schülern einsichtig. Schwierigkeiten bereitet dagegen das objektivierte Größenverhältnis. Die Bedeutung der Verhältnisdarstellung sowie der Maßstabszahl klärt der Mathematikunterricht durch konsequentes und schrittweises Verkleinern bzw. Vergrößern einer Strecke. Der „Kartographiekurs für fortgeschrittene Grundschulkinder" bietet zeitnah vielfältige Übungsmöglichkeiten durch den Umgang mit Kartenmaterial unterschiedlichen Maßstabs (z.B. Grundrisse, Stadtpläne, Wanderkarten): Strecken werden geschätzt, gemessen, umgerechnet und in der Wirklichkeit mit einem Schrittzähler bzw. Kilometerzähler abgelaufen; Karten unterschiedlichen Maßstabs können miteinander verglichen und hinsichtlich ihrer jeweiligen Vor- und Nachteile diskutiert werden; Routenpläne werden nach Entfernungskriterien entworfen.

(3) Kartographie in der Grundschule!

„Man muss am Ende stehen, um anderen den Anfang zeigen zu können" (unbekannter Autor). Dieses Zitat macht Lehramtsstudierende und Lehrkräfte darauf aufmerksam, dass sie zum Unterrichten ein tiefer gehendes Verständnis für die jeweiligen Inhalte ihres Fachbereiches mitbringen müssen, also z.B. am Ende ihres persönlichen Kartographiekurses stehen sollten. Ist das der Fall, sind sie in der Lage fachgemäß kartographische Themen dem Alter und Kenntnisstand ihrer Schüler entsprechend zu vereinfachen. Sie entscheiden kompetent über adäquate Methoden bei der Einführung ins Kartenverständnis im Primarstufenbereich. So begleitet und betreut, können aber vor allem Schülerinnen und Schüler erfolgreich ihren ersten Kartographiekurs absolvieren. Sie unternehmen ihre ersten Schritte, Kartenkompetenz auszubilden – ein wesentliches Anliegen der nationalen Bildungsstandards des Schulfaches Geographie.

(4) Literaturhinweise

ARBONA, C. (2009): Karte, Kompass, Sonnenstand – so findest du den Weg (= Ensslins kleine Naturführer). Würzburg.

BLASEIO, B. & G. RINGEL (2009): Geographie an der Schnittstelle zwischen Primar- und Sekundarstufe. Möglichkeiten, Konsequenzen, Probleme. In: Geographie heute 30 (2009) 269, 2-210.

BRUCKER, A. (2008): Klassische Medien kreativ nutzen. In: HAUBRICH, H., Hrsg.: Geographie unterrichten lernen. Die neue Didaktik der Geographie konkret. München, 173-206.

DGfG (Deutsche Gesellschaft für Geographie), Hrsg. (2007): Bildungsstandards im Fach Geographie für den Mittleren Schulabschluss - mit Aufgabenbeispielen. Berlin.

FIEGL, H. & U. SCHWARZ, Hrsg. (1999): Orientierung im Raum. Grundschule 2-4 (= Sachkunde kreativ unterrichten). München.

FRAEDRICH, W. (2005): Wie orientiert man sich im Gelände? In: Geographie heute 26 (2005) 231/232, 4-8.

GDSU (Gesellschaft für Didaktik des Sachunterrichts), Hrsg. (2002): Perspektivrahmen Sachunterricht. Bad Heilbrunn.

HEINRICH, H. (2004): Wo müssen wir jetzt weitergehen? Der Umgang mit Plänen und Karten. In: Grundschulmagazin 72 (2004) 5, 47-50.

HEMMER, I. & E. NEIDHARDT (2007): Geographisches Lernen im Anfangsunterricht. In: GLÄSER, E., Hrsg. (2007): Sachunterricht im Anfangsunterricht. Lernen im Anschluss an den Kindergarten. Baltmannsweiler, 159-176.

HEMMER, M. & T. ENGLHART (2008): Wege zur Karte. Einblicke in die Kartenarbeit im Sachunterricht der Grundschule. In: Geographie heute 29 (2008) 261/262, 86-89.

HEMMER, I. & M. HEMMER (2009): Räumliche Orientierungskompetenz. Struktur, Relevanz und Implementierung eines zentralen Kompetenzbereichs geographischer Bildung. In: Praxis Geographie 39 (2009) 11, 4-8.

HÜTTERMANN, A. (1988): Wege mit der Karte. Anregungen zur ‚Einführung in das Kartenverständnis'. In: Sachunterricht und Mathematik in der Primarstufe 16 (1988) 11, 491-494.

HÜTTERMANN, A. (1998): Kartenlesen – (k)eine Kunst. Einführung in die Didaktik der Schulkartographie. München.

HÜTTERMANN, A. (2009): Kartenkompetenz weiterentwickeln. Vorkenntnisse aus der Grundschule ermitteln, aufgreifen und ausbauen. In: Geographie heute 30 (2009) 269, 16-22.

LEHRPLAN FÜR DIE BAYERISCHE GRUNDSCHULE, vom 9. August 2000, Nr. IV/1-S 7410/1-4/84000.

RINSCHEDE, G. (2007): Geographiedidaktik. Paderborn. (Besonders Kapitel 8: Medien im Geographieunterricht).

RÖDER, D. & S. POPP (2005): Wo bin ich – wo komme ich an? Den Weg finden mit und ohne Kompass. In: Praxis Grundschule 28 (2005) 6, 24-28.

SCHMEINCK, D. (2007): Wie Kinder die Welt sehen. Eine empirische Ländervergleichsstudie zur räumlichen Vorstellung von Grundschulkindern. Bad Heilbrunn.

SCHNIOTALLE, M. (2006): Räumliche Schülervorstellungen von Europa. Ein Unterrichtsexperiment zur Bedeutung kartographischer Medien für den Aufbau räumlicher Orientierung im Sachunterricht der Grundschule. Berlin.

SCHÜLER, H. (2003): Anmerkungen zum Materialteil „Karte und Kompass". Materialsammlung: Draußen sein mit Karte und Kompass. In: Die Grundschulzeitschrift 17 (2003) 162, 24; Materialsammlung, 2-19.

Autorinnen

Dr. Astrid Jahreiß und Carola Günther, Didaktik der Geographie, Otto-Friedrich-Universität Bamberg

Anhang 01 Formelsammlung

Anwendungsbereich: Formel für...	Nr. im Fließtext	Formel und Anmerkungen	
Breitenkreisumfang (U_{BK})	(1)	$U_{BK} = 2\,\pi\,r = 2\,\pi\,(R \cdot \cos\varphi)$	R = Erdradius = 6371 km
Umfang des Äquators ($U_Ä$)	(2)	$U_Ä = 2\,\pi\,R \approx 40.030$ km	
Abweitung (Abw_φ)	(3) + (4)	$Abw_\varphi = \frac{2\,\pi\,R}{360} \cdot \cos(\varphi) = \frac{\pi\,R \cdot \cos(\varphi)}{180}$	
...verkürzt	(5)	$Abw_\varphi = 111{,}1..km \cdot \cos(\varphi)$	
Orthodrome (s_r)	(6) + (7)	$s_r = \frac{2\,\pi\,R}{360} \cdot \delta = \frac{\pi\,R\,\delta}{180}$ mit $\cos(\delta) = \sin(\varphi_1) \cdot \sin(\varphi_2) + \cos(\varphi_1) \cdot \cos(\varphi_2) \cdot \cos(\lambda_1 - \lambda_2)$	
...verkürzt	(8)	$s_r = 111{,}1..km \cdot \delta$ [mit cos(δ) wie oben]	
Azimutalabbildung (keine Nr. vergeben – s. Tab. 3)	mittabstandstreu	$m_\varphi = 2\pi R \cdot \frac{90° - \varphi}{360°}$	m_φ beschreibt den Radius des entsprechenden Breitenkreisbildes
	flächentreu	$m_\varphi = 2R\,\sin\left(\frac{90° - \varphi}{2}\right)$	
	winkeltreu	$m_\varphi = 2R\,\tan\left(\frac{90° - \varphi}{2}\right)$	
Zylinderabbildung (keine Nr. vergeben – s. Tab. 3)	mittabstandstreu	$x = 2\pi R \cdot \frac{\varphi}{360°}$	x beschreibt den Abstand der Breitenkreisbilder vom Äquator, ln ist der natürliche Logarithmus
	flächentreu	$x = R\,\sin(\varphi)$	
	winkeltreu	$x = R\,\ln\tan\left(\frac{45° + \varphi}{2}\right)$	
Maßstab (M)	(11)	$M = \frac{K}{N}$ mit K = Kartenstrecke; N = Naturstrecke	
Maßstabszahl (m)	(10)	$m = \frac{N}{K} \rightarrow M = \frac{1}{m}$ (Kehrwert von M)	
maßstäbl. Umrechnung von Flächen ($F_K \vert F_N$)	(12) + (13)	$F_K\,(= F_N \cdot M^2) = F_N : m^2$ mit $F_N\,(= F_K : M^2) = F_K \cdot m^2$	F_K = Fläche in der Karte F_N = Fläche in der Natur
Hangneigung (α)	(15) ... in ° → (14)	$\alpha = \arctan\left(\frac{\Delta h}{a}\right)$ $a = \frac{\Delta h}{\tan(\alpha)}$	mit Δh = Höhendifferenz a = horizontaler Abstand der Höhenpunkte bzw. -linien
	(16) ... in %	$\alpha = \frac{\Delta h}{a} \cdot 100$	
	(17) ... als Neigungsmaßstab	$\alpha = 1 : \frac{a}{\Delta h}$	
Töpfersches Auswahlgesetz	(18)	$n_F = n_A \cdot \sqrt{\frac{m_A}{m_F}}$ mit	n_F = Anz. Objekte (Folgekarte) n_A = Anz. Obj. (Ausgangskarte) m_A = Maßstabszahl (Ausg.karte) m_F = Maßstabszahl (Folgekarte)

Anhang 02 Welchen Netzentwurf haben wir denn hier? Ein Fragebaum.

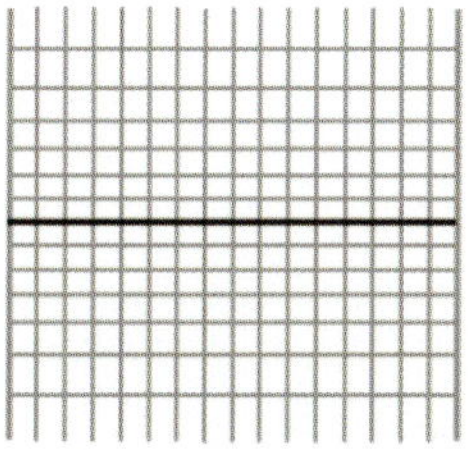

Welcher Entwurf?

Die nachstehenden Seiten enthalten eine hierarchische Struktur, mit deren Hilfe die Netzgrundlage einer Karte oder Planisphäre erfragt werden kann. Mit den Antwortmöglichkeiten TRIFFT ZU! oder TRIFFT NICHT ZU! fragt die Baumstruktur nach den Breitenkreis-, Meridian- und Polbildern einer ausgewählten Karte. Wie also sehen die Breitenkreise aus? Wie laufen die Meridiane zueinander – in Kurven oder parallelen Geraden? Sind die Pole als Punkte dargestellt oder als Linien? Ist überhaupt ein Pol abgebildet? Und so weiter.

Wenn eine Aussage zutrifft, dann führt der **grüne Pfeil nach rechts zum nächsten Kriterium** und damit in Richtung *Lösungsvorschlag Netzentwurf*. Trifft dagegen eine Aussage nicht auf die Gitterlinien zu, die Ihre Karte zeigt, leitet der **rote Pfeil nach unten zur nächsten Abfrage**. Und so fort.

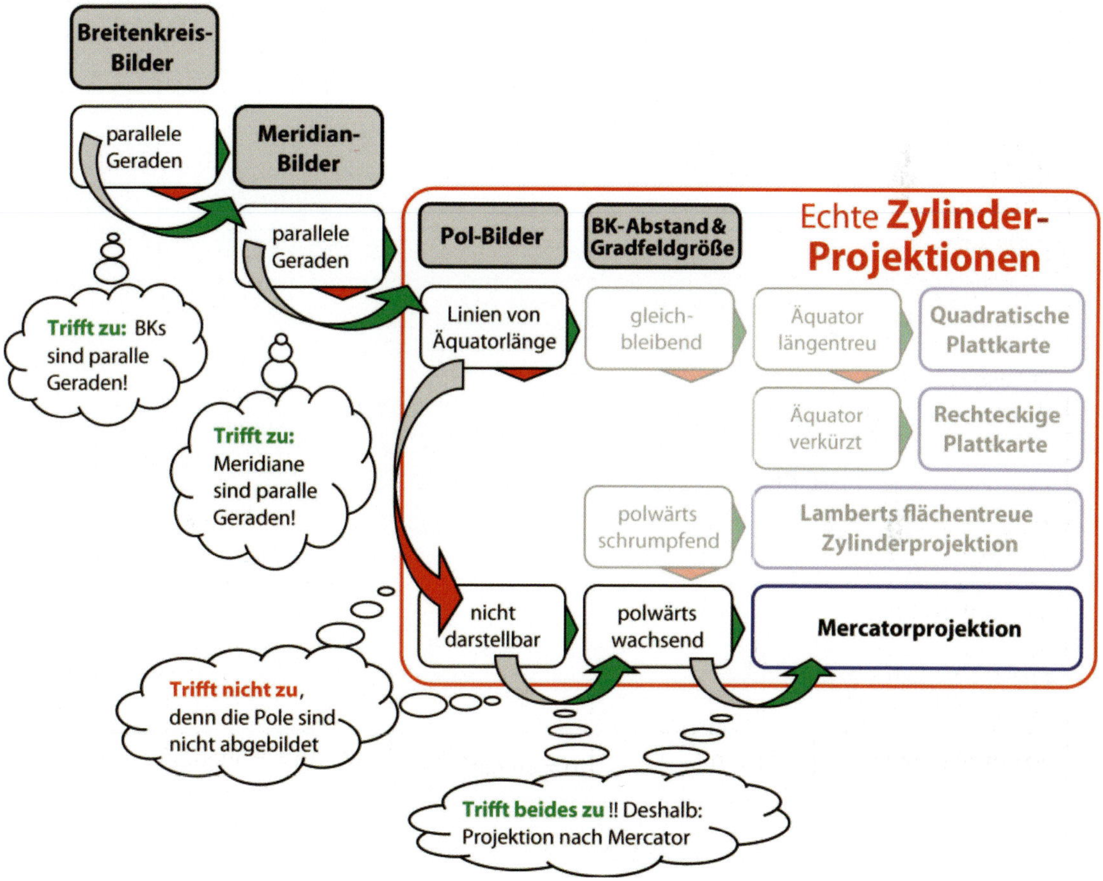

Viel Spaß mit einem Fragebaum, der sich natürlich nur dann lohnt, wenn der Netzentwurf nicht schon dabei steht. Aber auch dann darf er gerne einer Probe unterzogen werden... Wo Fehler entstehen, sind zwei Schritte empfohlen: Erstens, kurz aufatmen und überlegen: Auf drei Seiten können nicht alle je entstandenen Netzentwürfe eingehen – mit neuen Berechnungen haben zahlreiche Kartographen Ableger zu den hier vorgestellten „Klassikern" entworfen; man beachte also die Analogien und den Mangel an Übersichtlichkeit, würde der Fragebaum überquillen. Zweitens: Bescheid geben!

Quellenangabe:

Die für den Fragebaum verwendeten Kriterien und ihre netzspezifischen Ausprägungen entstammen der Stichwortsammlung von WILHELMY (1975).

Anhang 02
Fragebaum zu Netzentwürfen

Welchen Netzentwurf haben wir denn hier? Ein Fragebaum

grün trifft zu, rot trifft nicht zu

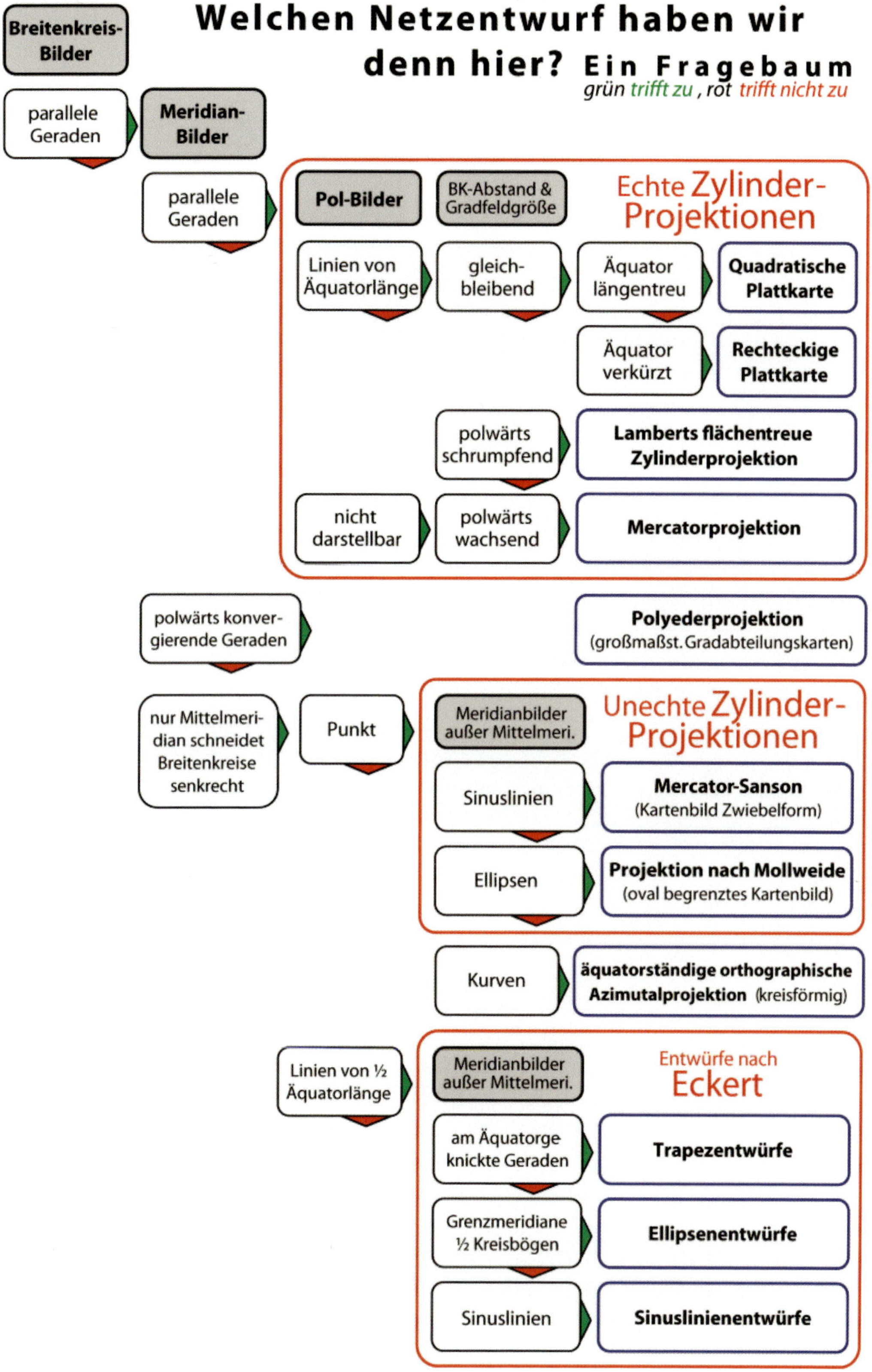

Anhang 02
Fragebaum zu Netzentwürfen

Unter Blatt 1 kleben!

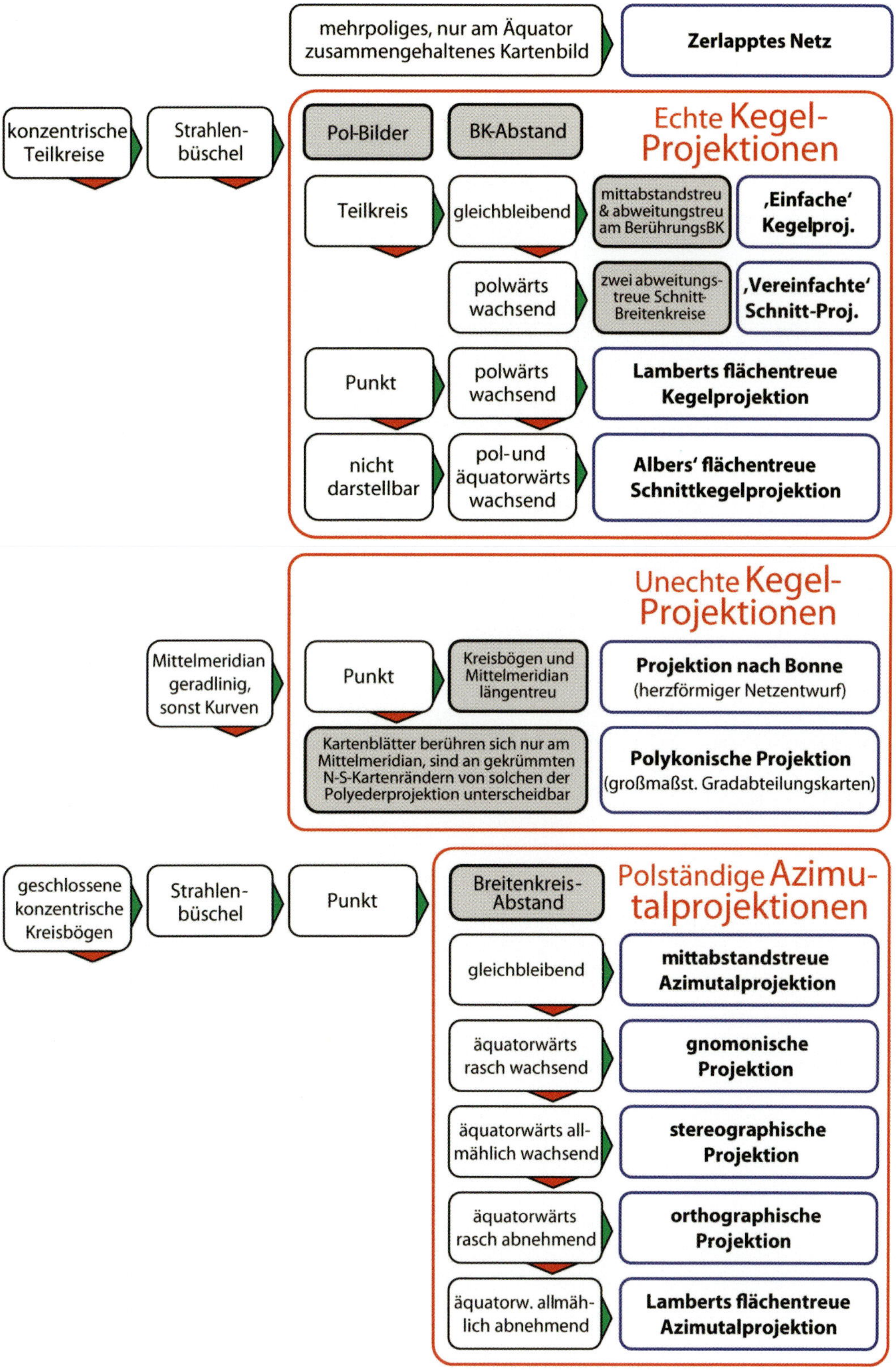

Anhang 02
Fragebaum zu Netzentwürfen

Unter Blatt 2 kleben!

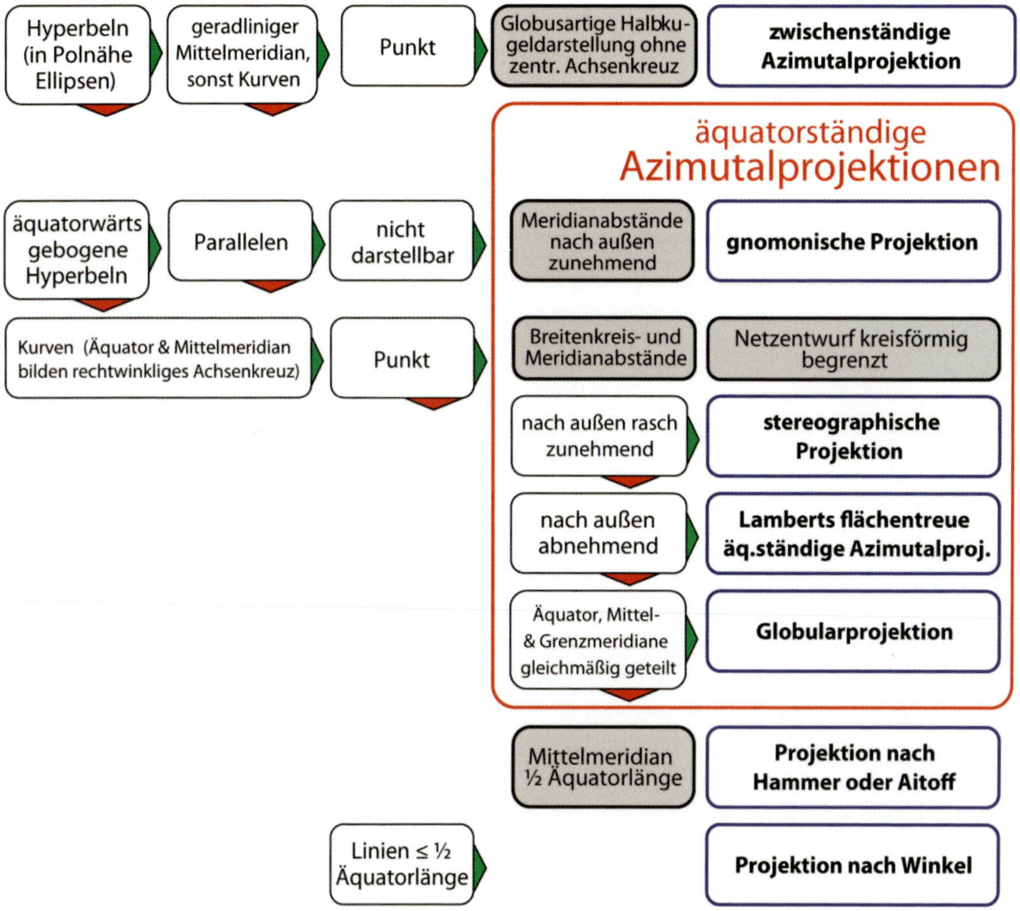

Anhang 02
Fragebaum zu Netzentwürfen

Anhang 03 Anaglyphen für 3D-Brillen

Hinweise zur Betrachtung stereoskopischer Bilder (Anaglyphen):

1. Die folgenden Abbildungen sind für die Filterfarben Rot-Cyan optimiert.
2. Bei der Benutzung einer Rot-Grün-Brille kann der Effekt dennoch wahrgenommen werden.
3. Bei einer vorliegenden Rot-Grün-Schwäche wird der Effekt wohl nicht wahrnehmbar sein.
4. Es ist wichtig, das Bild einen Moment auf sich wirken zu lassen.
5. Es sollte helfen, das Bild anfänglich nicht im Ganzen zu betrachten, sondern den Fokus zunächst auf einen Bildausschnitt zu richten, bis der Effekt eintritt.

Wir bitten etwaige Defekte der Raumbilder zu entschuldigen: beim Transfer vom PC aufs Papier ist diese Technik nur bedingt steuerbar. In diesen und anderen Fällen finden Sie Neues und Verbessertes unter www.perpetuum-publishing.com ... Viel Spaß!

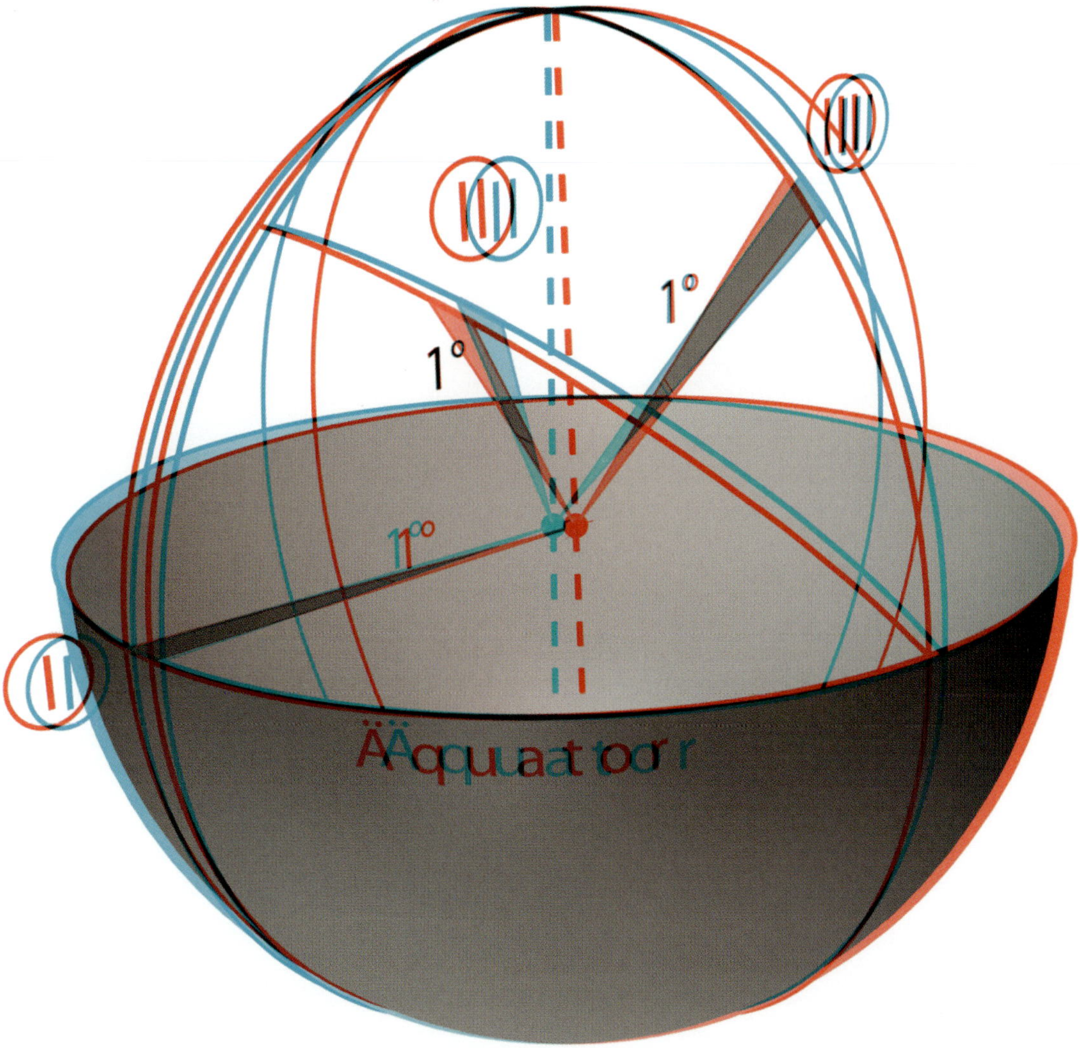

ABB 2.11_Strecken an der Erdkugel mit einer Länge von 111,1..km

Anhang 03
Anaglyphen für 3D-Brillen [rot/cyan!!]

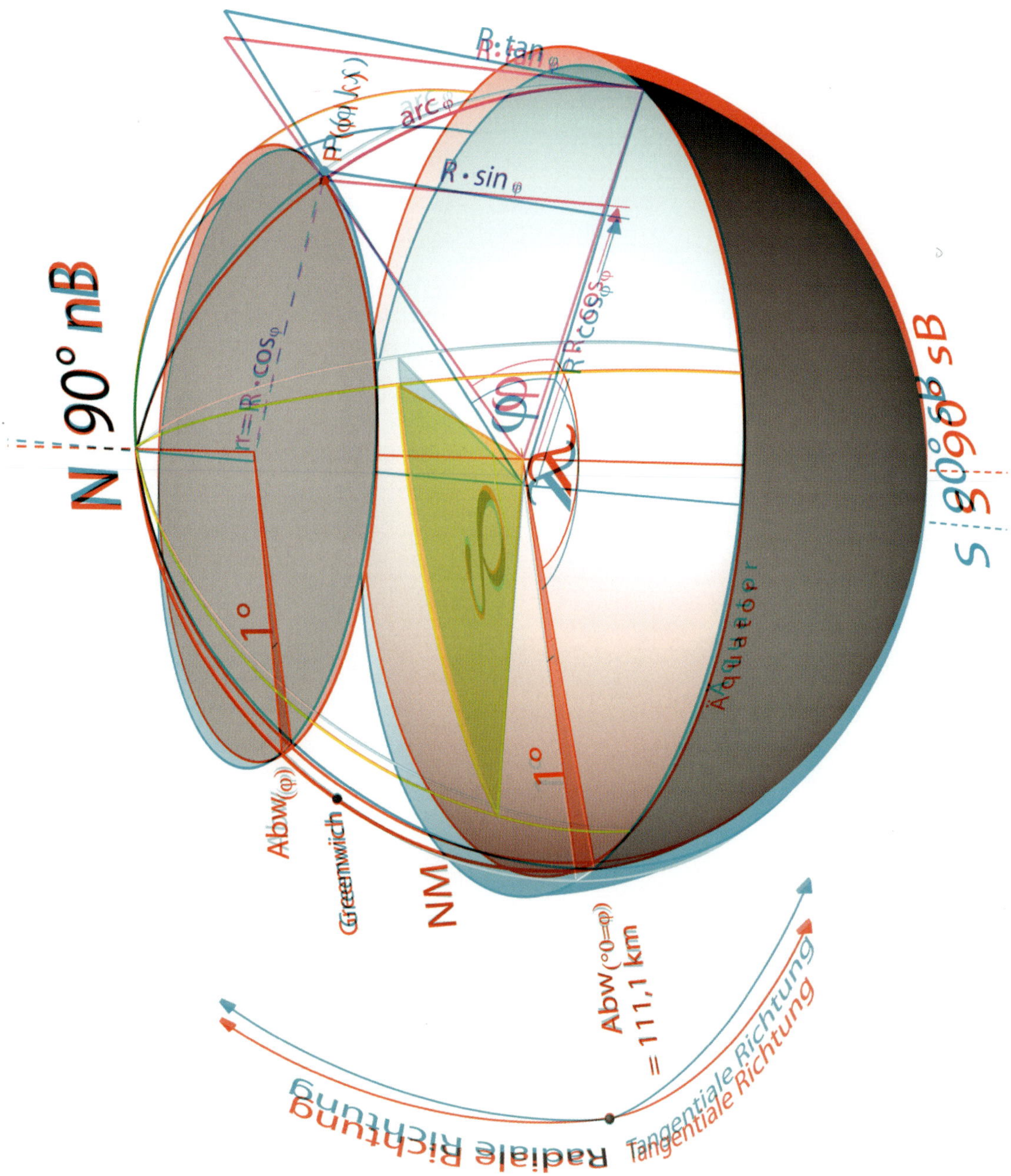

ABB 2.14_Für die Geographie relevante Formen und Größen an der Erdkugel

Anhang 03
Anaglyphen für 3D-Brillen [rot/cyan!!]

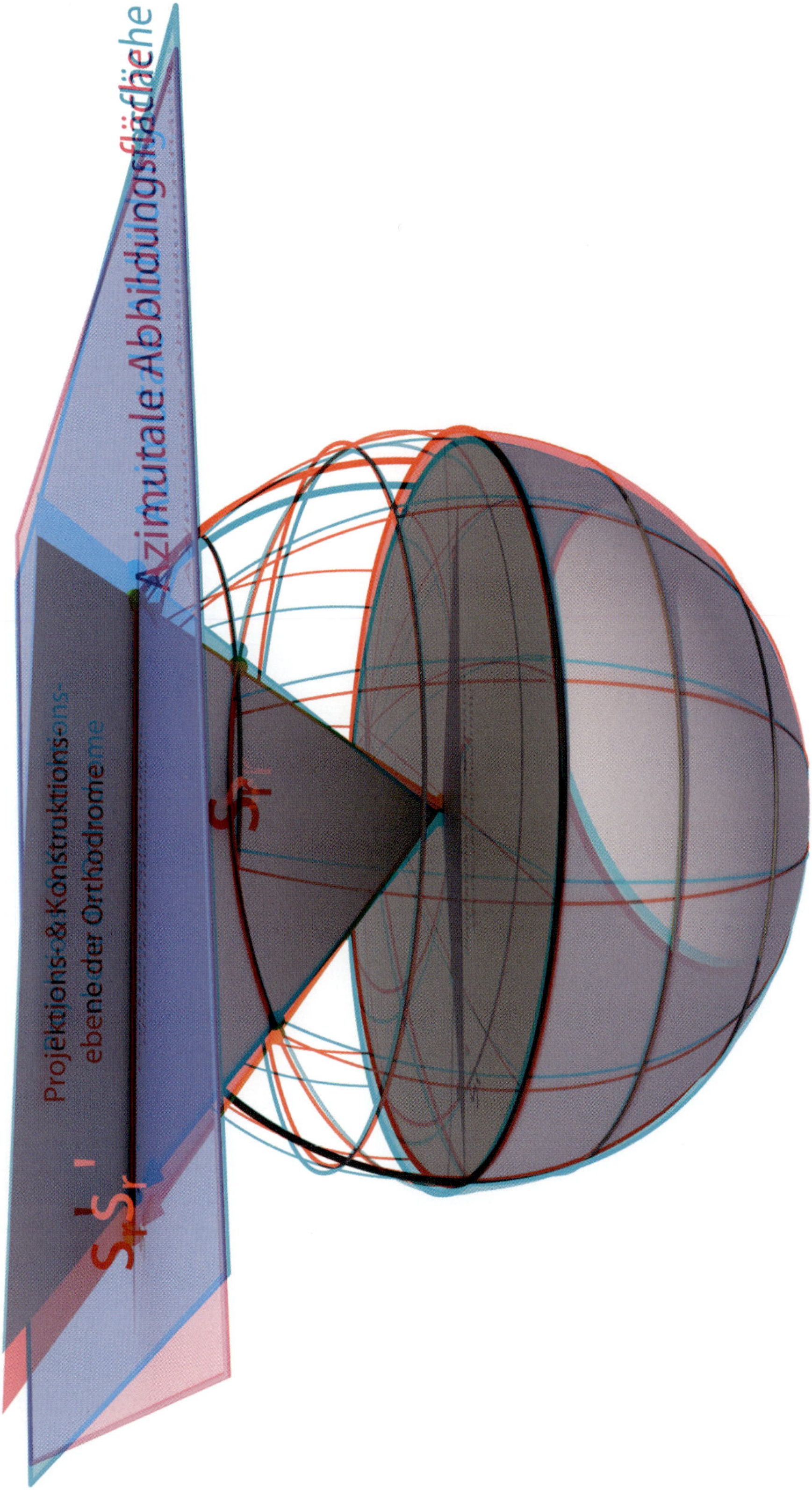

ABB 2.27_Projektion der Orthodrome als Gerade – die gnomonische Azimutalabbildung

Anhang 03
Anaglyphen für 3D-Brillen [rot/cyan!!]

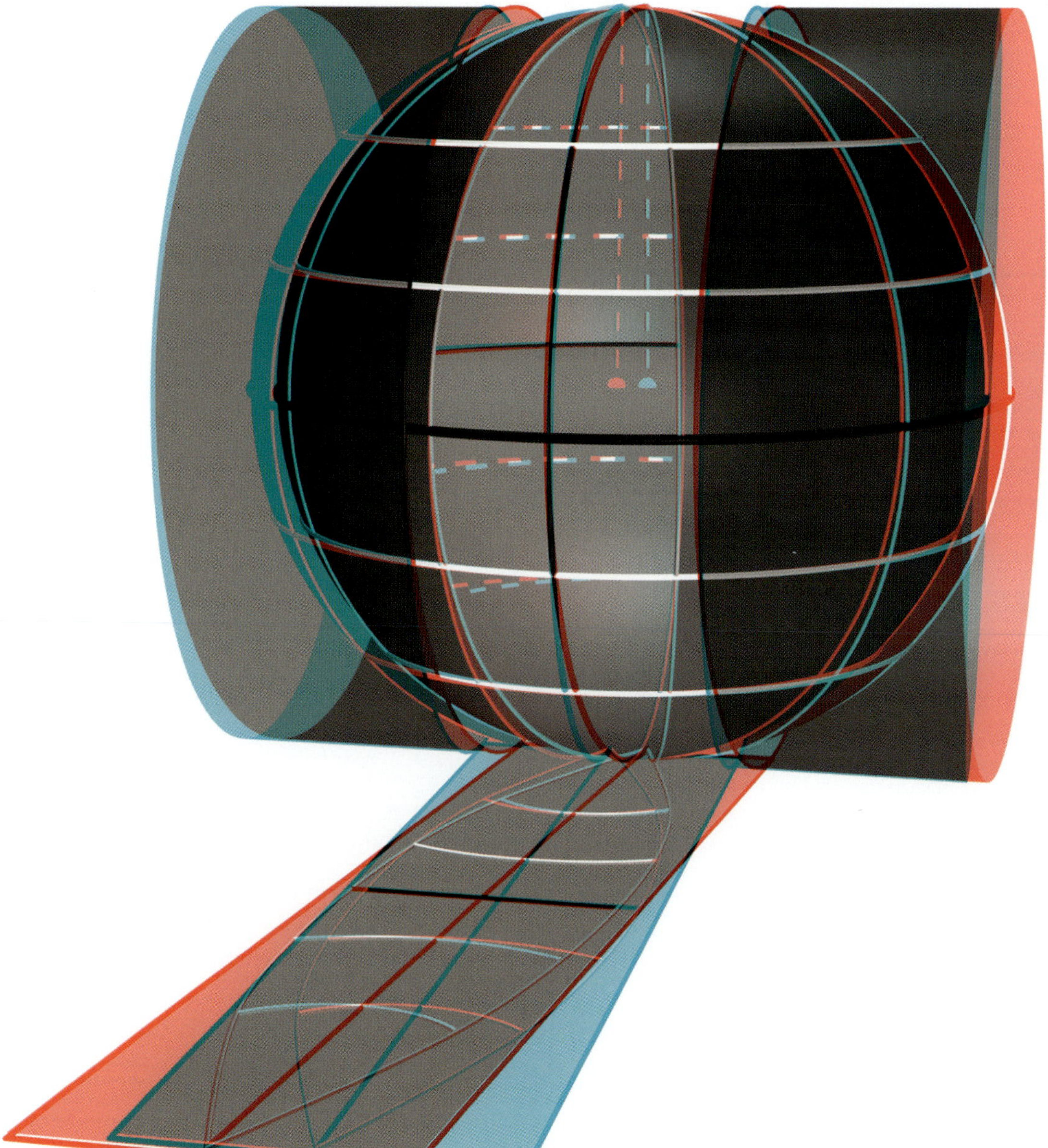

ABB 4.7_Prinzip des Meridiansreifensystems (Berührungszylinder)

Anhang 03
Anaglyphen für 3D-Brillen [rot/cyan!!]

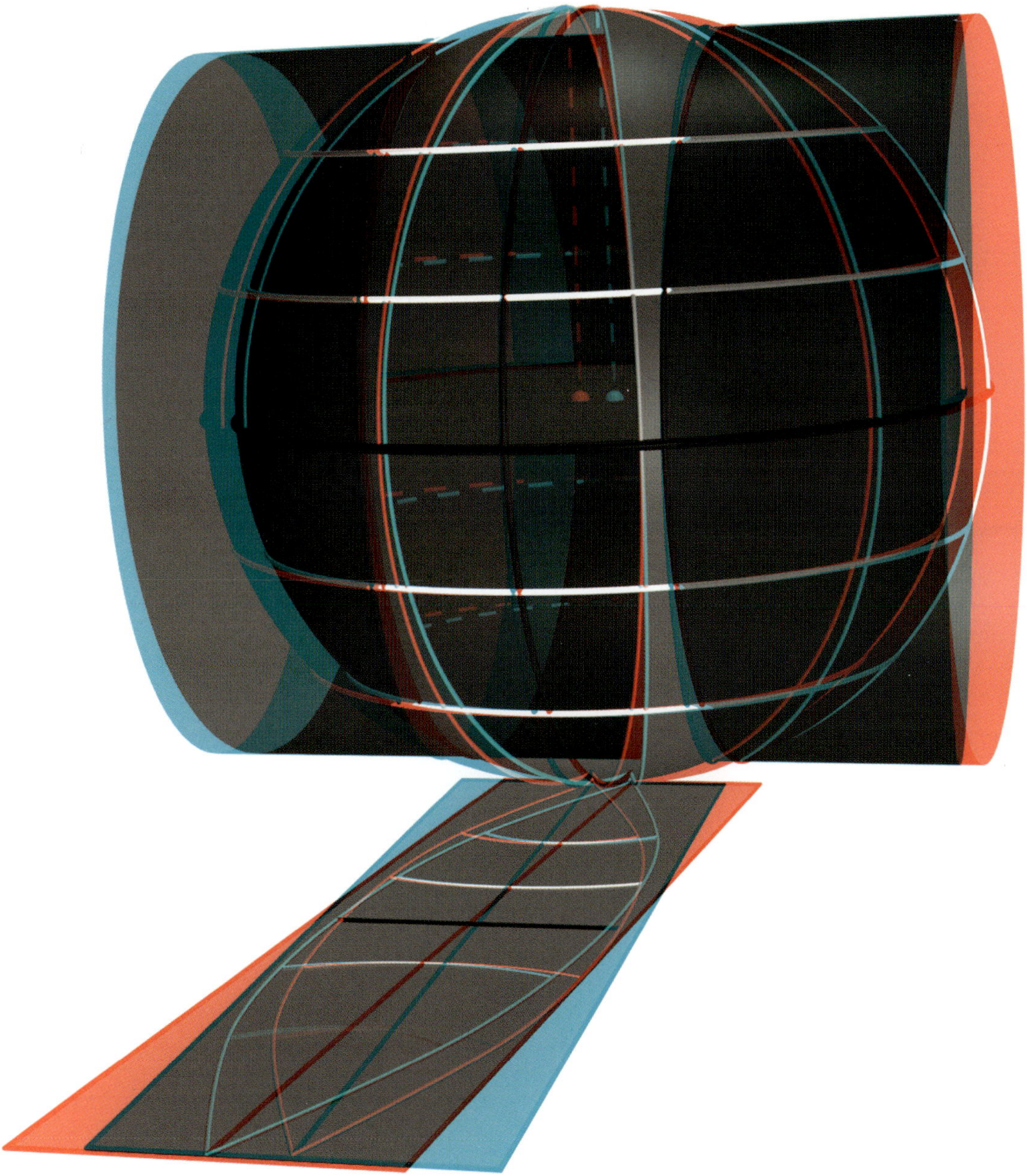

ABB 4.19_Prinzip der UTM-Abbildung (Schnittzylinder)

Anhang 03
Anaglyphen für 3D-Brillen [rot/cyan!!]

Anhang 04 Abkürzungsverzeichnis

Es bedeuten [...] Erläuterung
(...) Entsprechung in deutscher Sprache

nach HAKE et al. (2002: 550-556) und KORDUAN & ZEHNER (2008: 307ff.).

ALB	Amtliches Liegenschaftsbuch
ALFIS	Amtliches Festpunktinformationssystem
ALK	Amtliche Liegenschaftskarte
ALKIS	Amtliches Liegenschaftskataster-Informationssystem
API	Application Programming Interface (Schnittstelle zur Anwendungsprogrammierung)
ALKIS	Amtliches Liegenschaftskataster-Informationssystem
ATKIS	Amtliches Topographisch-Kartographisches Informationssystem
BKG	Bundesamt f. Kartographie u. Geodäsie
CAD	Computer-Aided Design (Computergestützte Gestaltung)
DGfK	Deutsche Gesellschaft für Kartographie
DGK	Dt. Geodätische Kommission
DGK 5	Deutsche Grundkarte 1 : 5.000
DGM	Digitales Geländereliefmodell
DGPF	Deutsche Gesellschaft für Photogrammetrie und Fernerkundung
DHDN	Deutsches Hauptdreiecksnetz
DHHN	Deutschen Haupthöhennetz
DHM	Digitales Höhenmodell
DHSN	Deutsches Hauptschwerenetz
DKM	Digitales Kartographisches Modell
DLM	Digitales Landschaftsmodell
DLR	Deutsche Forschungsanstalt für Luft- und Raumfahrt
DRM	Digitales Reliefmodell
DTK	Digitale Topographische Karte
DVW	Deutscher Verein f. Vermessungswesen
ESDI	European Spatial Data Infrastructure
ETRS89	European Terrestrial Reference System 1989
GDI	Geodateninfrastruktur
GDI-DE	Geodateninfrastruktur Deutschland
GI	Geoinformation
GIS	Geoinformationssystem
GMK	Geomorphologische Karte
GPS	Global Positioning System [satellitenbasiertes Positionierungssystem der USA]
GSDI	Global Spatial Data Infrastructure [Infrastruktur für die Einrichtung eines globalen Geodatenbestands]
IfAG	Institut für Angewandte Geodäsie [seit 1997 BKG]
IKV	Internationale Kartographische Vereinigung [= IAC]
ISO	Internat. Standardization Organization
IT	Informationstechnologie

NGDI	Nationale Geodateninfrastruktur [in Deutschland: GDI-DE]
NHN	Normalhöhenull [seit 1992 in Deutschland Höhenbezugsfläche mit Amsterdamer Pegel als Nullpunkt]
NN	Normalnull [Bezugsfläche in Deutschland für Höhen über dem Meeresniveau bis 1992]
NSDI	National Spatial Data Infrastructure [äquivalent zu NGDI]
OeKK	Oestereichische Kartographische Kommission i.d.Österr.Geograph.Gesellsch.
OGC	Open Geospatial Consortium
OS	Ordnance Survey [Bezeichnung der Landesvermessungsämter in GB, Irland und Nordirland]
POI	Point of Interest
RGB	Rot-Grün-Blau [Grundfarben des Farbbildschirms]
SGK	Schweizerische Gesellschaft für Kartographie
STN	Staatliches Trigonometrisches Netz
TIN	Triangulated Irregular Network (unregelmäßiges Dreiecksnetz) [zur digitalen Geländedarstellung mit GI-Systemen]
TK	[Amtliche] Topographische Karte
TP	Trigonometrischer Punkt
TÜK	[Amtl.] Topographische Übersichtskarte
ÜK	[Amtliche] Übersichtskarte
UTM	Universal Transversal Mercator
WGS84	World Geodetic System 1984
WMS	Web Map Service

Anhang 05 Abbildungsverzeichnis

Anhang 06 Tabellenverzeichnis

Anhang 07 Stichwortverzeichnis

A

B

D

E

F

G

H

I

K

L

M

N

O

P

Q

R

S

T

U

V

W

Z

Anhang 08 Lösungen Verständnisfragen

Kapitel 1. Kartographische Kommunikation

V.1.1 Letztendlich gibt es an dieser Stelle keine Lösung. Die Frage *Was ist eine Karte?* spiegelt allein Ihr derzeitiges Verständnis von einem Blatt Papier oder einem Display mit einer Fülle an Linien, Zeichen und Farben. (Uns wird im Laufe des Heftes zum Beispiel folgende Definition begegnen: Eine Karte ist ein ebenes Abbild der sphärischen Oberfläche eines Weltkörpers oder von Teilen desselben. Sie verkleinert maßstäblich, vereinfacht, symbolisiert, erläutert.)

V.1.2 Ein Fachgebiet, das sich befasst mit dem Sammeln, Verarbeiten, Speichern und Auswerten raumbezogener Informationen sowie in besonderer Weise mit der Veranschaulichung durch kartographische Darstellungen.

Kapitel 2. Kartennetzentwürfe

V.2.1 *Kugel*: bereits in der Antike bekannt; 1. Vermessung durch Eratosthenes (285-205v.Chr.); mit Erdumfang U = 40.030km, Radius R = 6.371km

Rotationsellipsoid: große Halbachse a, kleine Halbachse b; bestmögliche Bezugsfläche bei der groß- und mittelmaßstäbigen Landesaufnahme

Geoid: das G. stellt die Form dar, die die Erde bei 100%iger Wasserbedeckung einnehmen würde. Es werden die Dichteunterschiede in der Lithosphäre berücksichtigt. Geoidundulationen sind am Festland Theorie.

V.2.2 Abweitung ist der Abstand zweier Längenkreise, die 1° auseinander liegen, auf einem Breitenkreis. Am Äquator beträgt die Abweitung immer 111,1..km (= 40.000km/360° = 111,1..km/1°). Polwärts nimmt die Abweitung ab. Formel:

$$\text{Abw}_\varphi = \frac{2\pi R}{360°} \cdot \cos\varphi \approx 111{,}1..\text{km} \cdot \cos\varphi$$

(Da cos0° = 1, liefert diese Formel auch die korrekte Abweitung am Äquator!)

V.2.3 Am Nordpol. (P_1 ist der Nordpol [90°N]. Die Expedition führt je 100km zuerst in südlicher, später in nördlicher Richtung entlang der zum Pol hin konvergierenden Längengrade, zurück zum Nordpol. Die Expeditionsteilnehmer erreichen also wieder ihren Startpunkt.)

V.2.4 10.000km. Rechenweg: Der verbindende Großkreis (kürzeste Wegstrecke!) führt hier über den Nordpol, da die beiden Orte 180 Längengrade auseinander liegen. Die Differenz der Breitengrade beträgt 30° – (-60°) = 90°, also ein Viertel des Großkreises (mit einer Gesamtlänge von ca. 40.000km). Achtung: Die Orte liegen zwar nicht auf verschiedenen Hemisphären, die Orthodrome verläuft aber über den Nordpol; die Breitengraddifferenz wird deshalb zu einer Addition! Die Strecke beträgt folglich etwa 40.000km : 4 = 10.000km.

V.2.5 Die geographische Breite φ ist ein Zentriwinkel, den ein Ort mit der Äquatorebene bildet. Die geographische Länge λ ist ein Zentriwinkel, den ein Ort mit dem Nullmeridian bildet. (Ein Zentriwinkel ist dabei ein am Erdmittelpunkt gemessener Winkel.)

V.2.6 *Orthodrome*: Kürzeste Verbindung zweier Punkte auf der Erde (Großkreisteil); Formel:

$$s_r = \frac{R \cdot \pi \cdot \delta}{180°} = \frac{2\pi R \cdot \delta}{360°} \approx \frac{40.030\text{km}}{360°} \cdot \delta \approx 111{,}1..\text{km} \cdot \delta$$

mit $\cos\delta = \sin\varphi_1 \cdot \sin\varphi_2 + \cos\varphi_1 \cdot \cos\varphi_2 \cdot \cos(\lambda_1 - \lambda_2)$

Loxodrome: Jede Kurve, die in ihrem Verlauf alle Meridiane unter konstantem Winkel schneidet (Navigationslinie)

V.2.7 Die Indikatrix ist eine Ellipse, deren Halbachsen a (lang) und b (kurz) die extremen Verzerrungsverhältnisse zwischen Kugel und ebenem Abbild darstellen. Sie entsteht bei der Abbildung eines Einheitskreises von der Kugel in die Ebene. Bei Verzerrungen werden unterschieden: Längenverzerrung in radialer und tangentialer Richtung – daraus ergibt sich auch eine Verzerrung der Flächen und/oder Winkel.

V.2.8 Bei Verzerrung in radialer Richtung verändert sich *entlang der Längenkreise* der Abstand der Breitenkreise. Bei Verzerrung in tangentialer Richtung verändert sich *entlang der Breitenkreise* der Abstand der Längenkreise (die Abweitung).

V.2.9 Netzentwürfe sind mathematische Funktionen zur Abbildung der sphärischen Erdoberfläche oder von Teilen derselben in die Ebene. Sie lassen sich einteilen nach: Verzerrungen bzw. Treueeigenschaften, Form der Abbildungsflächen, Lage der Abbildungsflächen, Lage des Projektionszentrums, Projektionsvorschrift.

V.2.10 Vgl. entsprechende Zusammenstellung in Tab. 3.

V.2.11 Flächentreu: Stauchung in radialer Richtung >> konzentrische Breitenkreisringe enger! – Winkeltreu: Dehnung in radialer Richtung >> konzentrische Breitenkreisringe weiter! – Die Längenkreise sind als Strahlenbüschel dargestellt.

V.2.12 (a) Der Äquator wird als horizontale Linie längentreu abgebildet. Die Meridianbilder sind gleichabständige Geraden die senkrecht auf den Äquator stehen. Die Bilder der Breitenkreise verlaufen parallel zum Äquator und sind alle genauso lang wie dieser. Das bewirkt durch Dehnung in tangentialer Richtung eine Flächenvergrößerung v.a. polwärts *[Grönland ist viel größer als die naturgemäß flächengleiche Arabische Halbinsel]*. Die Abstände der Breitenkreisbilder vom Äquator werden durch $x = \text{arc}\varphi$ bestimmt, sie entsprechen also den maßstäblich verkleinerten natürlichen BK-Abständen.

(b) Die für (echte) Zylinderabbildungen typische Dehnung in tangentialer Richtung (parallele Meridianbilder, d.h. die Länge der Breitenkreise wird mit zunehmender geographischer Breite verzerrt; vgl. Maßstab für wachsende Breiten) wird durch eine Stauchung in radialer Richtung (Abstände der Breitenkreise) kompensiert. Dadurch wird Flächentreue erzeugt. Diese Art der Abbildung ist stark winkelverzerrend, also formverzerrend *[Grönland ist jetzt flächenmäßig naturgetreu abgebildet, aber stark verzerrt]*. Die Abstände der Breitenkreisbilder vom Äquator werden durch $x = R \cdot \sin\varphi$ ermittelt.

(c) Dehnung in tangentialer und radialer Richtung (Winkeltreue!!!). Folge ist eine starke Flächenvergrößerung v.a. polwärts *[Grönland ist um ein Vielfaches größer als die Arabische Halbinsel, beide sind ihrer Form nach naturgetreu abgebildet]*. Es ist die sogenannte Mercator-Abbildung, die wegen ihrer Winkeltreue als Netzgrundlage der Seekarten eingeführt wurde. Sie hat gute Abbildungseigenschaften am Äquator und die mittleren Breiten. In transversaler Lage ist sie die Grundlage für die deutschen Topographischen Karten. Die Abstände der Breitenkreisbilder vom Äquator werden durch $x = R \cdot \ln \cdot \tan(45°+\varphi/2)$ ermittelt.

V.2.13 Schnittprojektionen, also Projektionen, bei denen die Abbildungsfläche die Bezugsfläche schneidet, stellen mehrere oder größere Regionen der Erdoberfläche naturgetreu bzw. mit geringeren Verzerrungsbeträgen dar.

Kapitel 3. Maßstäbliche Umrechnungen

V.3.1 Der Maßstab M ergibt sich aus dem Quotient „Kartenstrecke / Naturstrecke". Damit gibt der Kartenmaßstab das lineare Verkleinerungsverhältnis der Karte gegenüber der Natur an: M = K : N. Die Maßstabsangabe erfolgt durch M = 1 : m, wobei die Maßstabs- oder Modulzahl m = N : K.

V.3.2 nach Inhalt: *topographische/geographische Karten*: Relief, Gewässernetz, Situation, Vegetation; *thematische Karten*: Thema mit räumlichem Bezug

nach Maßstab: großer Maßstab (> 1:10.000), mittlerer Maßstab (1:10.000 bis 1:300.000), kleiner Maßstab (< 1:300.000); weitere Einteilung in topographische Karten (> 1:200.000) und geographische Karten (< 1:200.000)

V.3.3 Die Angabe des Maßstabs mittels *Verhältniszahl* (M = 1 : m) ermöglicht eine schnelle und präzisere Umrechnung v.a. auch größerer Strecken oder Flächen, die nicht auf einem Skalenmaßstab angezeigt werden können.

Der *Skalenmaßstab* kann auch nach Verkleinern oder Vergrößern z.B. beim Kopieren der Karte weiter verwendet werden, weil er gleichermaßen verkleinert bzw. vergrößert wird.

Kapitel 4. Topographische Karten

V.4.1 TK 10, TK 25, TK 50, TK 100, TÜK 200

V.4.2 Eine Karte, die von Längen- und Breitenkreisteilen begrenzt (*ab*geteilt) ist.

V.4.3 *4cm-Karte* meint eine TK 25; 4cm Kartenstrecke entsprechen 1km Naturstrecke. *0,5cm-Karte* meint eine TÜK 200; 0,5cm Kartenstrecke entsprechen 1km Naturstrecke. Diese Angaben erleichtern also die Streckenmessung.

V.4.4 Weil es sich bei Topographischen Karten um Gradabteilungskarten handelt und die das Blattschnitt begrenzenden Meridiane polwärts konvergieren.

V.4.5 DGK5 = Deutsche Grundkarte mit M = 1:5000; abgebildete Fläche: 2km · 2km

V.4.6 Blattschnitt Höhenflurkarte: 2,3km · 2,3km; Blattschnitt DGK5: 2km · 2km.

V.4.7 W–E: 6° N–S: 5°

V.4.8 Benennung der IWK (z.B. NM 32 München):

2 Buchstaben: 1. Buchstabe: „N"/„S" für Nord- oder Südhalbkugel;
2. Buchstabe: Entfernung vom Äquator in 4°-Abständen)
+ Zahl: 1 bis 60 = Längenangabe, begonnen bei 180° in 6°-Abständen nach Osten
+ Name: Name des größten/bedeutendsten Ortes (oder Ähnlichem)
Blattschnitt: Gradabteilungskarte = 4° Breite, 6° Länge

V.4.9 *Formale Bestand*teile: Kartenfeld, Kartenrahmen, Kartenrand
Inhaltliche Bestandteile: Karteninhalt (Situation, Gelände, Schrift), Kartennetz, Randangaben
Situation = Siedlungen, Verkehrswege, Gewässernetz, Bodenbedeckung, topographische Einzelzeichen, Grenzen

V.4.10 Nivellieren, trigonometrische Messungen, barometrische Messungen, GPS-Messungen

V.4.11 Schummerung (Schattierung) zur plastischen Darstellung der Erdoberfläche als räumliches Kontinuum (bessere 3D-Darstellung) zusätzlich zur Höhenliniendarstellung, die exaktere geodätische Informationen gibt.

V.4.12 Maulwurfshügelmanier, Schraffen, Schummerung, Höhenschichtenfarben, Isohypsen

V.4.13 Der Neigungsmaßstab ist ein Hilfsmittel zur Bestimmung der Hangneigung in der Karte mittels Abstand der Isohypsen. Der Neigungsmaßstab befindet sich am unteren Rand einer Karte. Dort lässt sich die Hangneigung einer bestimmten Strecke in der vorliegenden Karte ablesen. Benötigt werden dafür die abgelesene, maßstäblich umgerechnete Kartenstrecke sowie die auf dieser Distanz überwundene Höhendifferenz.

V.4.14 Isohypsen verbinden auf der Karte Punkte, die im Gelände auf gleicher Höhe liegen. Isohypsen sind also *Höhenlinien*, sprich Linien, die Punkte gleicher Höhe miteinander verbinden (Definition: in den Grundriss projizierte Schnitte gleicher Niveaulinien). Isobathen heißen auch *Tiefenlinien* und verbinden dementsprechend Punkte gleicher Tiefe (z.B. in einem See oder im Meer).

V.4.15 Die Äquidistanz einer Karte ist der Schritt/Abstand zwischen zwei durchgezogenen Isohypsen, z.B. 10m. Sie wird in Meter angegeben.

V.4.16 (a) größer (b) größer (c) kleiner

V.4.17 Streckung eines Höhenprofils mit dem Faktor 4 bedeutet:
⊗ Beide Achsen müssen mit dem Faktor 4 multipliziert werden.

V.4.18 Überhöhung eines Höhenprofils mit dem Faktor 5 bedeutet:
⊗ Nur die Länge der y-Achse muss mit 5 multipliziert werden.

V.4.19 *Streckung*: keine Aussage möglich, da der Maßstab der Originalkarte unbekannt ist; *Überhöhung*: die Karte ist 2,5-fach überhöht, da der Maßstab auf der y-Achse 5:10.000 = 1:2.000 beträgt; er ist also 2,5-mal größer als der Maßstab der x-Achse (1:5.000)

V.4.20 Auf die Lesbarkeit einer Karte. Deshalb: Es wird etwas nicht gezeichnet, wenn etwas zu klein oder auch unwesentlich oder zu kurzlebig ist.

V.4.21 Eine maßstabs- bzw. themenbedingte *Verallgemeinerung und Abstraktion* bei der graphischen Darstellung bzw. Wiedergabe der detaillierten räumlichen Wirklichkeit in einer Karte.

V.4.22 Elementare Vorgänge der kartographischen Generalisierung: 1. Vereinfachen, 2. Vergrößern (v.a. Verbreitern), 3. Verdrängen (Folge von 2.), 4. Zusammenfassen (in Innenstädten: Teilblockdarstellung), 5. Auswählen (bzw. Fortlassen), 6. Klassifizierung bzw. Typisieren (einschl. Umwandeln in Signaturen), 7. Bewerten (z.B. Betonen)

V.4.23 *Erfassungs- bzw. Objektgeneralisierung:* bei der Aufnahme im Gelände (Herstellung der Grundkarte); *Kartographische Generalisierung:* beim Übergang von einem größeren in einen kleineren Maßstab (von der Grund- bzw. Ausgangskarte zur Folgekarte)

V.4.24 Schwarze Linie: 0,05mm; Farbige Linie: 0,1 mm; Linienabstand: 0,2mm; Flächen: $0{,}3^2 mm^2$

V.4.25 Das Töpfersche Auswahlgesetz klärt, wie viele Objekte bei der Generalisierung von der Ausgangs- zur Folgekarte noch dargestellt werden.

$$n_F = n_A * \sqrt{\frac{m_A}{m_F}}$$ mit

n_F = Anzahl der Objekte in der Folgekarte
n_A = Anzahl der Objekte in der Ausgangskarte
m_A = Maßstabszahl der Ausgangskarte
m_F = Maßstabszahl der Folgekarte

V.4.26 Das Gauß-Krüger-Meridianstreifensystem hat in der BRD 4 Meridianstreifen mit den Hauptmeridianen: 6°, 9°, 12°, 15°. Jeder Meridianstreifen umfasst den Bereich von 1,5° westlich bis 1,5° östlich des Hauptmeridians.

V.4.27 R = Rechtswert (Nummer des Meridianstreifens [2,3,4 od. 5] + 500.000 m + Entfernung vom MS nach Osten bzw. – Entfernung vom MS nach Westen); in km, dm oder m
H = Hochwert (Entfernung des Punktes vom Äquator in km, dm oder m)

V.4.28 *Geographisch Nord:* Richtung, in die die Meridiane weisen (geographischer Nordpol); *Magnetisch Nord:* Richtung, in die eine Kompassnadel zeigt (magnetischer Nordpol); *Gitter-Nord:* Richtung, in die die Gitterlinien weisen (auf TKen)

V.4.29 Die Kompassnadel weicht leicht nach Westen ab, weil der magnetische Nordpol aus dem kanadischen Archipel heraus mit etwa 40 km/a nach NW (Richtung Russland) wandert. Der entsprechende Winkel zwischen Magnetisch und Geographisch Nord heißt Missweisung.

V.4.30 Vom sich verändernden Magnetfeld der Erde.

V.4.31 GiN läuft...
⊗ parallel zu GeN des Hauptmeridians.

V.4.32 *Missweisung* oder Deklination = GeN, MgN
Meridiankonvergenz = GeN, GiN
Nadelabweichung = MgN, GiN

V.4.33 Kompass, Nadelabweichung (aus Angaben im Kartenrand zu entnehmen), Gitterlinien der Karte, evtl. Winkelmessgerät (Geodreieck)

V.4.34 Wenn eine Karte eingenordet ist, bedeutet das:
⊗ die begrenzenden Meridiane zeigen nach GeN.
⊗ GiN zeigt in die gleiche Richtung wie GeN des zugehörigen Hauptmeridians.

V.4.35 Fragen zu UTM: (a) Universale Transversale Mercatorabbildung; (b) beide beruhen auf Meridianstreifen aus transversalen winkeltreuen Zylinderabbildung; (c) Meridianstreifen sind in UTM 6° breit, im G-K-System nur 3°; UTM-System beginnt bei 177°W (international gültig), der 1. Mittelmeridian bei Gauß-Krüger ist 3°E; (d) UTM beruht auf einem Schnittzylinder! (e) Zone 32, Mittelmeridian 9° / Zone 33, Mittelmeridian 15°; (f) UTM bezieht sich auf WGS 84 (World Geodetic System 1984), G-K auf Bessel

V.4.36 Fragen zu Soldner-Koordinaten: (a) mittabstandstreue transversale Zylinderabbildung / UTM und G-K sind winkeltreu; (b) y-Achse = (Mittel-)Meridian durch die Frauenkirche von München; x-Achse = Großkreis, der durch die Frauenkirche verläuft und im rechten Winkel auf den Mittelmeridian trifft; beide Achsen sind entsprechend des Blattschnitts einer bayrischen Höhenflurkarte in Schritten von ca. 2335m (8000 bayrische Fuß) unterteilt; (c) Quadrant (NW, NE, SW, SE) + 1.Ziffer (Zeile) + Punkt/Bindestrich + 2.Ziffer (Spalte); Zeile und Spalte immer ausgehend vom Nullpunkt (Frauenkirche in München)

Kapitel 5. Thematische Karten

V.5.1 Thematische Karten sind Darstellungen von Erscheinungen und Sachverhalten zur Erkenntnis ihrer selbst (Int. Kartographische Vereinigung 1973). In thematischen Karten werden räumliche Verteilungen und Beziehungen zum Ausdruck gebracht auf der Basis inhaltlich reduzierter Topographischer Karten.

V.5.2 *Quantitativ:* Einwohnerzahl (punkthaft); Frequentierung des Kanals (linienhaft); Ha- Ertrag eines Ackers (flächenhaft)
Qualitativ: Kirche (punkthaft); Fluss (linienhaft); Acker (flächenhaft)

V.5.3 Punkt (Lagepunkt, Mengenpunkt, Wertepunkt); Linie (Begrenzungslinie, Mittelinie, Isolinie); Fläche (Objektfläche, Verbreitungsfläche, Intervallfläche, Kartogramm)

V.5.4 1. Themen: geologische Karten, Wirtschaftskarten, historische Karten, usw.
2. Umfang und Verarbeitungsgrad der Thematik:
- *Analytische Karten*: es wird nur ein Thema dargestellt (z.B. Erdölvorkommen)
- *Komplex-analytische Karten*: mehrere Themen (z.B. Bodenschätze und Industrie)
- *Synthetische Karten*: stellen Typen dar, die aus der Kombination verschiedener Einzelmerkmale abgeleitet sind (z.B. Klimatypenkarten)
- *analytisch-synthetische Karten*: aus obigen Gruppen kombinierte Karten (z.B. Klimatypen und Meeresströmungen)

V.5.5 Die topographische Kartengrundlage darf das Kartenbild nicht zu stark belasten. Wichtige Bestandteile einer topographischen Kartengrundlage: Gradnetz, Gewässer, evtl. Siedlungen, Verkehrswege, Verwaltungsgrenzen.

Anhang 09 Lösungen Aufgabenkataloge

Kapitel 2. Kartennetzentwürfe

A.2.1 (a) $\frac{\pi R}{180°} \cdot \cos^{-1}(\sin 23{,}5° \cdot \sin 23{,}5° + \cos 23{,}5° \cdot \cos 23{,}5° \cdot \cos[82{,}37° + 90{,}42°]) = \underline{14731{,}13km}$

(b) $111{,}1..km \cdot \cos(23{,}5°) \cdot (82{,}37° + 90{,}42°) = \underline{17619{,}14km}$

(c) $111{,}1..km \cdot \cos(23{,}5°) = \underline{101{,}98km}$

A.2.2 (a) in der Natur: $x = 111{,}1..km \cdot \cos(20°) \cdot 60° = \underline{6269{,}34km}$

$y = 111{,}1..km \cdot 40 = \underline{4444{,}4km}$

(b) in einer mittabstandstreuen Zylinderabbildung:

$x = 111{,}1..km \cdot 60 = \underline{6666{,}6km}$

$y = 111{,}1..km \cdot 40 = \underline{4444{,}4km}$

Kapitel 3. Maßstäbliche Umrechnungen

A.3.1 $13cm \cdot 50.000 = 650.000cm = \underline{6{,}5km}$ (Umrechnungsfaktor *cm >> km* = 100.000)

A.3.2 Lösungsweg 1 (zuerst maßstäbliche Umrechnung der einzelnen Karten*strecken*):

$0{,}5 \cdot 3{,}2km \cdot 1{,}6km = 0{,}5 \cdot 5{,}12km^2 = \underline{2{,}56km^2}$

Lösungsweg 2 (maßstäbliche Umrechnung der Karten*fläche*):

$(0{,}5 \cdot 8cm \cdot 4cm) \cdot 40.000^2 = 16cm^2 \cdot 40.000^2 = \underline{2{,}56km^2}$

A.3.3 $1ha = 100m \cdot 100m = 10.000m^2$

$10.000ha = 100.000.000m^2 = 10^8m^2 = \underline{100km^2}$

$10^8m^2 \cdot 100 \cdot 100 = 10^8m^2 \cdot 10^4 = \underline{10^{12}cm^2} = 1.000.000.000.000cm^2$

A.3.4 $0{,}0125km = 1250cm$ >> $m = \frac{N}{K} = \frac{1250\,cm}{5\,cm} = 250$ >> $\underline{M = 1:250}$

Kapitel 4. Topographische Karten

A.4.1 $Abw_{\,53{,}5°} = 111{,}1..km \cdot \cos(53{,}5) = 66{,}09km$

O-W-Ausdehnung ($40' \rightarrow$? km) $= 66{,}09km \cdot \frac{40}{60} = 44{,}06km$

N-S-Ausdehnung ($24' \rightarrow$? km) $= 111{,}1..km \cdot \frac{24}{60} = 44{,}44km$

abgebildete Fläche (Natur): $44{,}06km \cdot 44{,}44km = \underline{1958{,}03km^2}$

A.4.2 Eine TÜK 200 umfasst in Ost-West-Richtung acht TK 25. Da alle Topographische karten größer 1:25.000 nach der TK 25 in der linken unteren Ecke benannt und die Spalten von links nach rechts gezählt werden, muss die zweite zweistellige Ziffer (63<u>26</u>) nur um 8 reduziert werden (26 – 8 = 18): CC6318 Frankfurt a.M.

A.4.3 *Umrechnungen:* $55°12' = 55{,}2°$ $49°53' = 49{,}88°$

(TÜK 200:) $48' = 0{,}8°$ $80' = 1{,}33°$

N-S-Entfernung zw. FB und BA: $55{,}2° - 49{,}88° = 5{,}32°$

Entfernung, ausgedrückt in Anzahl an TÜK 200 (N-S = 0,8°):

$\frac{5{,}32°}{0{,}8°} = 6{,}65$ $6 < 6{,}65 < 7$

Begrenzungslinien der CC6326 BA:

N: $55{,}2° - 6 \cdot 0{,}8° = \underline{50°24'N}$ S: $55{,}2° - 7 \cdot 0{,}8° = \underline{49°36'N}$

W: $\underline{10°E}$ O: $\underline{11°20'E}$

Nördliche W-E-Ausdehnung der CC6326 BA: $111{,}1..km \cdot \cos(50{,}4) \cdot \frac{80}{60} = 94{,}43km$

Südliche W-E-Ausdehnung der CC6326 BA: $111{,}1..km \cdot \cos(49{,}6) \cdot \frac{80}{60} = 96{,}02km$

Trapezfläche: $\frac{94{,}43\text{km} + 96{,}02\text{km}}{2} \cdot 111{,}1..\text{km} \cdot 0{,}8 = \underline{8.464{,}44\text{km}^2}$

A.4.4 (a) 30 liegt näher am Nullmeridian als 32, also liegt die 2. IWK näher am Nullmeridian; (b) B liegt näher am Äquator als C, also liegt die 2. IWK auch näher am Äquator

A.4.5 NN 31 Amsterdam: Ost: 6°E West: 0°W/E Nord: 56°N Süd: 52°N

A.4.6 Ungefähr: $(1{,}6\text{cm} + 1{,}9\text{cm}) : 2 \cdot 0{,}4\text{cm} \cdot 25.000^2 = 43.750\text{m}^2 = \underline{4{,}375\text{ha}}$

A.4.7 Umrechnung: $N = m \cdot K$ >> $N = 25.000 \cdot 0{,}55\text{cm} = 13.750\text{cm} = 137{,}5\text{m}$

Hangneigung in Grad: $\tan^{-1}\left(\frac{30\text{m}}{137{,}5\text{m}}\right) = \underline{12{,}31°}$

Hangneigung in Prozent: $\frac{30\text{m}}{137{,}5\text{m}} \cdot 100 = \underline{21{,}82\%}$

Hangneigung als Neigungsverhältnis: $1 : \frac{137{,}5\text{m}}{30\text{m}} = \underline{1{:}4{,}5}$

A.4.8 x-Achse: $1{:}50.000 \cdot 4 = \underline{1{:}12.500}$ (1cm = 125 m)

y-Achse: $1{:}12.500 \cdot 5 = \underline{1{:}2.500}$ (1cm = 12,5 m)

A.4.9 P: R 4436420 – H 5532510 >> Der Punkt P liegt 5.532,51 km vom Äquator und (500.000 m – 436.420 m =) 63,58 km vom 4. Hauptmeridian entfernt.

A.4.10

R	H	Antwort
4436420	5532510	SE
4435500	5537750	NW
4436830	5537970	NE
4435100	5534339	SW

A.4.11 (a) $NA_{2010} = 1{,}7°(W) - 22 \cdot 0{,}1°(E) = \underline{0{,}5°\ (E)}$

(b) $MK = \tan^{-1}\left(\frac{\text{Differenz der Abstände zweier Gitterpunkte zum Kartenrand}}{\text{Abstände der beiden Gitterpunkte voneinander}}\right)$

$= \tan^{-1}\left(\frac{1{,}7\text{cm} - 1{,}0\text{cm}}{40\text{cm}}\right) = \tan^{-1}\left(\frac{0{,}7\text{cm}}{40\text{cm}}\right) = \underline{1{,}003°}$

(c) MW = Nadelabweichung + Meridiankonvergenz = $0{,}5° + 1{,}003° = \underline{1{,}503°}$

A.4.12 P: Zone 33 E = 378 555 N = 5553 241 >> P liegt 121,446 km westlich vom Mittelmeridian 15° und 5553,241 km nördlich des Äquators

A.4.13 $3 \cdot 2{,}335\text{km} = 7{,}005\text{km}$ nördlich von München

$11 \cdot 2{,}335 = 25{,}685\text{km}$ westlich von München

Luftlinie: $\sqrt{7^2 + 25{,}7^2}\ \text{km} \approx 27{,}6\text{km}$

Anhang 10 Literaturverzeichnis

FREITAG, U. (2008): Von der Physiographik zu kartographischen Kommunikation – 100 Jahre wissenschaftliche Kartographie. *Kartographische Nachrichten* 58 (6),59.

HAGEL, J. (1998): *Geographische Interpretation topographischer Karten.* Stuttgart, Leipzig: Teubner.

HAKE, G., GRÜNREICH, G. & L. MENG (2002[8]): *Kartographie. Visualisierung raumzeitlicher Informationen.* Berlin: de Gruyter.

HEINRICH, D. & M. HERGT (2006): *dtv-Atlas Erde. Physische Geographie.* München: dtv.

KOHLSTOCK, P. (2004): *Kartographie.* Paderborn, München: Schöningh.

KORDUAN, P. & M. ZEHNER (2008): *Geoinformation im Internet. Technologien zur Nutzung raumbezogener Informationen im WWW.* Heidelberg: Wichmann.

KORTH, W. (2001): Koordinatensysteme und Koordinatenreferenzsysteme. *In:* KOCH, W. G., Hrsg.: *Theorie 2000.* Kartographische Bausteine 19, Dresden, 22-30.

LINKE, W. (1992[6]): *Orientierung mit Karte und Kompaß: Grundwissen, Verfahren, Übungen.* Herford: BusseSeewald.

MENG, L. (2008): Kartographie im Umfeld moderner Informations- und Medientechnologien. *Kartographische Nachrichten* 58 (6), 3-10.

SCHNEIDER, U. (2006[2]): *Die Macht der Karten. Eine Geschichte der Kartographie vom Mittelalter bis heute.* Darmstadt: Primus.

SOBEL, D. (2008[5]): *Längengrad.* Berlin: Berliner Taschenbuch Verlag.

WILHELMY, H. (1975[3]): *Kartographie in Stichworten.* Kiel: Hirt.

Anhang 11 Tipps

MÄDER, C. (1992): *Kartographie für Geographen.* Geographica Bernensia U 22, Bern.

Faltblatt zu Topographischen Karten Bayerns
www.geodaten.bayern.de/bvv_web/downloads/faltbl/pdf/faltbl_tk_0807.pdf

Informationen zu den Topogr. Karten Bayerns
www.geodaten.bayern.de/bvv_web/produkte/

Homepage von Dr.-Ing. Rolf Böhm
www.boehmwanderkarten.de/kartographie/initial.html

Geodäsie, Längen- und Breitengrade, Großkreise, Kartenprojektionen, Kartenbezugssysteme
www.kowoma.de/gps/

Dokumentenserver der Georg-August-Universität Göttingen: Weltbild – Kartenbild. Geographie und Kartographie in der Frühen Neuzeit
http://webdoc.sub.gwdg.de/ebook/q/2003/Karten/html/kapitel1.htm

Online-Lernmodul der Universität Halle
http://mars.geographie.uni-halle.de/geovlexcms/golm/kartographie/

Multimediale Lernumgebung Geoinformation
www.geoinformation.net

Stand der Internetaufrufe: 18.01.2010